Abb. 1a. 60/15 kV-Leitung Gröba—Weida.

FREILEITUNGSBAU MIT SCHLEUDERBETONMASTEN

VON

DR.-ING. LUDWIG HEUSER

UND

OBER-ING. ROBERT BURGET

MÜNCHEN UND BERLIN 1932
VERLAG VON R. OLDENBOURG

Druck von R. Oldenbourg, München und Berlin

Vorwort.

Deutschland ist ein ausgesprochenes Eisenland. Der Beton erfreut sich bei uns nicht der Bevorzugung, die ihm in anderen Ländern zuteil wird. Wenn eine Aufgabe sich in Stahlkonstruktion oder Eisenbeton gleich vorteilhaft lösen läßt, wird der deutsche Bearbeiter eher der ersten, der französische oder italienische weit eher der zweiten Lösung zuneigen. Ein gewisses Mißtrauen hat der Beton trotz vieler einheimischen Großtaten seiner Anwendung in Deutschland auch heute noch stets zu überwinden, wenn er in ein neues Anwendungsgebiet eindringen will.

So ist es gekommen, daß eine rein deutsche Erfindung, der Schleuderbetonhohlmast, im Ausland eine bessere Aufnahme gefunden hat, als in Deutschland selbst. Er hat hier trotz seiner 20jährigen Geschichte und trotzdem er der in der Welt weitaus verbreitetste Betonmasttyp ist, noch heute mit Vorurteilen zu kämpfen, welche die Praxis längst widerlegt hat, und sich nur einen Anwendungskreis erobern können, der im Vergleich zu dem ganzen Gebiet der Verwendung von Masten nicht sehr groß ist. Zu einem wesentlichen Teil beruhen die Vorurteile auf der geringen Vertrautheit der in Frage kommenden Stellen mit seinen kennzeichnenden Eigenschaften. Veröffentlichungen sind in der Literatur weit zerstreut und nicht gerade zahlreich. Das vorliegende Buch will diese Lücke ausfüllen und den bearbeitenden Ingenieuren eine eingehende Orientierung über das ganze Gebiet des Freileitungsbaues mit Schleuderbetonmasten geben.

Ebenso wie für alle Teile der Freileitungen trotz höherer Anschaffungskosten Materialien bevorzugt werden, die den außerordentlichen Beanspruchungen dieses Verwendungszweckes durch Wind und Wetter, durch chemische und biologische Einflüsse der Atmosphäre und des Bodens gewachsen sind, sollte auch bei den Leitungsträgern mehr darauf gesehen werden, sie aus einem den Angriffen dieser Faktoren besser widerstehenden Material zu bauen. Daß die heute am weitesten verbreiteten Stahlmaste diesen Bedingungen voll genügen, kann wohl kaum behauptet werden, während der Betonmast seine vollkommene Unempfindlichkeit gegen sie seit langem bewiesen hat. Seine große Betriebssicherheit ist in den amtlichen Vorschriften durch fortschreitendes Herabsetzen der zulässigen Sicherheitsfaktoren (19[illegible]3: 5fache, 1930: 2,0fache Sicherheit) anerkannt worden. Auch die in den letzten Jahren erreichten rapiden Fortschritte der Zementqualitäten haben dazu beigetragen, den Schleudermast zu einem beachtenswerten Bauglied im Freileitungsbau zu machen, auf dessen mechanische Sicherheit größerer Verlaß ist, als auf **jede** aus anderem Material hergestellte Mastart. Mag sein Preis auch höher sein (er ist es bei modernen Baumethoden und unter kapitalmäßiger Berücksichtigung der vollkommen fortfallenden Instandhaltungskosten heute meist nicht mehr), so ist doch seine erwiesene Unzerstörbarkeit durch die Einflüsse der Zeit und die durch sie bewirkte größere Sicherheit der Leitungsanlage ein ausschlaggebender Faktor für seine Zweckmäßigkeit. Ersparnisse in Leitungsanlagen zu machen, ist stets bedenklich, wenn sie die Betriebssicherheit beeinträchtigen. Schon kurzzeitige und unvorhergesehene Unterbrechungen der Stromlieferung können, abgesehen von anderem, mindestens Einnahmenausfälle verursachen, die in keinem Verhältnis zu solchen Einsparungen stehen.

Den Betonmast und die bei seiner Verwendung seither gesammelten Erfahrungen den interessierten Kreisen näher zu bringen und damit an einem bescheidenen Teil zur Erhöhung der Sicherheit der Überlandstromversorgung beizutragen, ist der Zweck des vorliegenden Buches.

Es befaßt sich nicht mit den übrigen, zum Teil sehr umfangreichen Anwendungsgebieten des Schleuderbetons, wie z. B. zu Kandelabern und Lichtmasten für städtische Beleuchtungszwecke, für Bahnzwecke, zu Rohrleitungen, zu Rammpfahlgründungen usw., da diese Gebiete auf anderen Grundlagen beruhen und eine gesonderte Behandlung erfordern.

Den herstellenden und Leitungsbaufirmen, welche an dem Zustandekommen des Buches durch Hergabe ihrer Erfahrungen, sowie reichhaltigen konstruktiven und Bildermaterials einen wesentlichen Anteil haben, sprechen die Verfasser ihren verbindlichsten Dank aus. Die Namen dieser Firmen sind an den entsprechenden Stellen des Buches genannt.

Inhaltsverzeichnis.

I. Geschichtliches über das Schleuderbetonverfahren.

Die älteste Verwendung von Beton zur Herstellung von Leitungsmasten ist aus dem Jahre 1856 nachgewiesen, führt also in die frühesten Zeiten der Betonverwendung überhaupt zurück. Die Erfindung des Portlandzementes in England fällt in das Jahr 1824; der Bau der ersten Portlandzement-Fabrik in Deutschland in das Jahr 1855 (Lit.[1]) 2, S. 1). In den Bestrebungen, bei Leitungsmasten für das vergängliche Holz ein dauerhafteres Material als Ersatz zu finden, wäre man danach auf den Beton sogar noch früher gekommen als auf das Eisen, das später für diesen Zweck in den Vordergrund trat.

Diese ältesten Beton-Leitungsmaste (Lit. 1, Bd. VIII, S. 57, Lit. 20, zit. bei Lit. 43) wurden von dem Oberingenieur G. M. Totten der Panama-Bahn konstruiert und dienten bei deren damaligem Bau wohl für eine Telegraphenlinie, da ein gegen die Klimaeinflüsse (Insektenfraß) widerstandsfähiges Holz dort nicht aufzutreiben war. Sie waren rund, kurz und dick (3,60 oder 4 m Länge bei 300 .... 450 mm Fuß- und 150 .... 200 mm Zopfdurchmesser) und nur mit einem Holzkern von 80 × 80 mm »armiert«, also noch kein Eisenbeton. Trotz dieser wegen des »Arbeitens« des Holzes im Beton sehr anfechtbaren Bauart sollen die Maste zum Teil bis zu 30 Jahre gehalten haben, eine sehr beachtenswerte Leistung, die sich wohl nur mit dem durch das heiße Klima bewirkten dauernden Trockenbleiben der Holzkerne erklären läßt. Der wagemutige Amerikaner hat jedenfalls den von ihm gewünschten Zweck einer dauerhafteren Leitungsstrecke mit dieser einfachen Erstkonstruktion in hohem Maße erreicht. Von ihrer weiteren Anwendung in Amerika ist nichts bekannt.

Inzwischen hatte die Erfindung des Eisenbetons (Monier 1867 und seine Vorgänger, vgl. Lit. 2, S. 2) einen kräftigen Antrieb zu immer ausgedehnterer Verwendung des Betons auf den verschiedensten Gebieten gegeben. In den letzten beiden Jahrzehnten des vorigen Jahr-

[1]) Lit. = Literaturangabe am Ende des Kapitels unter der angeführten laufenden Nummer.

hunderts wurden Theorie und Praxis des Eisenbetonbaues in rascher Entwicklung geschaffen. Hennebique, einer der genialsten Förderer und zum Teil Schöpfer der Verbundbauweise des Betons war auch der Konstrukteur der ersten Eisenbeton-Leitungsmaste. Er hatte als erster bei Bauten Eisenbetonsäulen an Stelle der bis dahin gebräuchlichen eisernen Säulen verwendet und ebenfalls erstmalig Rammpfähle aus Eisenbeton in die Praxis eingeführt (vgl. Lit. 2, S. 5). Der Gedanke, den Eisenbeton auch für Maste zu benützen, lag ihm also nahe. Seine ersten Maste wurden im Jahre 1896 für die Straßenbahn in Le Mans geliefert und sollen dort heute noch in Verwendung sein (Lit. 1, Bd. VIII, S. 59, Lit. 7, 8, 43, S. 121) (Abb. 1). Sie fanden in der Folge einige Verbreitung in Frankreich unter dem Namen Porcheddu-Maste auch in Italien. Ihr Querschnitt war massiv rechteckig, quadratisch oder rund, die Verjüngung nach oben ca. 15 mm/m, also schon ganz wie bei den modernen schlanken Eisenbetonmasten. Sie wurden fabrikmäßig hergestellt. Ihr massiver Querschnitt hat ihnen anscheinend eine Haltbarkeit verbürgt, über welche viele spätere Bauarten, bei denen der Nachteil des hohen Gewichtes durch allerhand konstruktive Maßnahmen verhindert werden sollte, nicht verfügten. Noch heute werden ähnliche Maste in dem klassischen Lande der Betonverwendung, Frankreich, hergestellt und eingebaut. In Deutschland haben sie sich jedoch nicht einführen können, ebensowenig wie die in Frankreich, in Italien, in Nordamerika und der Schweiz recht zahlreichen späteren ähnlichen Bauarten (vgl. Lit. 3, 7, 8, 9, 13 und 47). Nur in Norwegen scheint ein Mast dieser Art, der Elton-Mast noch eine gewisse Ausbreitung gefunden zu haben (Lit. 43). Das hohe Gewicht hat aber die Absatzmöglichkeit derartiger Fabriken immer auf ein sehr kleines Gebiet beschränkt und war daher die Veranlassung, daß dieser Masttyp im großen und ganzen als unrentabel verlassen worden ist. Auch waren die Ergebnisse nicht überall so befriedigend, wie bei der ursprünglichen Konstruktion von Hennebique (Lit. 19).

Abb. 1.

Die Idee von Totten in Verbindung mit den inzwischen über Eisenbeton gesammelten Erfahrungen machte sich A. Bourgeat in Voiron (Dép. Isère) zunutze und baute einen Mast, bei dem ein Holzkern mit Eisenbeton umkleidet wurde. Der bestechende Grundgedanke ist folgender: Infolge der Holzeinlage hat der Mast sehr bald nach der fabrikmäßigen Herstellung eine Festigkeit, welche seinen ungefährdeten Transport und seine Aufstellung erlaubt. Verfault später (Trockenfäule infolge Luftabschluß) der Holzkern, so hat der Eisenbeton inzwischen längst seine höchste Festigkeit erlangt, welche die maximal auftretenden Beanspruchungen allein tragen kann. Ein Treiben des Holzes infolge dennoch eingedrungener Feuchtigkeit, soll, da das Holz in frischem (grünem) Zustand eingebracht wird, nicht vorkommen, weil das Holz das Wasser an den Beton abgibt und schrumpft, so daß zwischen beiden ein kleiner Zwischenraum entsteht. Allenfalls soll es dadurch unschädlich gemacht werden, daß der Holzkern vorab mit einer starken Spiralbewehrung von 6 mm Eisendraht umwickelt wird. Der Eisenbetonmantel mit Längsarmierung und Drahtnetzgeflecht ist zylindrisch und alle 2 m um 20 mm im Durchmesser abgesetzt. Die ersten Maste wurden 1903 (Lit. 1, Bd. VIII, S. 63, Lit. 8 und 47) für die Kraftübertragung Livet-Grenoble geliefert, stellten also wohl eine der ältesten, wenn nicht die erste Hochspannungsfreileitung auf Eisenbetonmasten dar (Abb. 2). Hier und da haben diese Maste in Frankreich und Italien noch später Anwendung gefunden, doch im allgemeinen auf die Dauer wohl nicht befriedigt, da sie heute nicht mehr verwendet werden.

Abb. 2.

Ihr geringes Gewicht gegenüber den Hennebique-Masten wurde durch den eben doch bedenklichen Holzkern erkauft. Durch ihn stellen sie aber eine Übergangsstufe zu den Eisenbeton**hohl**masten dar. Bourgeat war übrigens wohl der erste, der auch die Traversen der Maste aus Eisenbeton herstellte.

Bevor Hohlmaste auf dem Markt erschienen, wurden noch Versuche, das Gewicht auf andere Art zu verringern in großer Zahl unternommen, und diese Versuche haben auch heute noch nicht aufgehört. Sie gingen vorwiegend dahin, die Konstruktion »aufzulösen«, den Mast durch Anordnung von Aussparungen und Durchbrechungen oder durch Querschnitte mit einspringenden Ecken leichter zu machen. Die ersten dieser Konstruktionen stammen anscheinend wiederum aus Nordamerika, wo derartige Maste mit kreuzförmigem Querschnitt (also Vorläufer des heutigen deutschen Kisse-Mastes) bei den Niagarafall-Kraftwerken und bei der Pennsylvania-Bahn im Jahre 1903 verwendet wurden (Lit. 1, Bd. VIII, S. 60, Lit. 12). In Frankreich sind eine ganze Anzahl solcher Masttypen entstanden und zum Teil noch heute in Gebrauch (Abb. 3). In Österreich hat, gefördert durch einen hohen Zollschutz, seit dem Kriege der »Porr«-Mast (Lit. 42) (Abb. 4) alle anderen Mastsysteme vom Eindringen abhalten können. In Deutschland waren vor dem Kriege die »Saxonia«-Maste der

Abb. 3.

Abb. 4.

Firma Rud. Wolle, Leipzig (in der Schweiz unter dem Namen »Hunziker«-Maste verbreitet) wohl die bekannteste Bauart (Lit. 1, Bd. VIII, S. 75) (Abb. 5). Heute machen die Kissemaste der Tumag A.G., München, von sich reden (Lit. 38, auch 43) (Abb. 6). Auch die Firma Züblin & Co., Stuttgart, hat einen solchen Mast geschaffen (Lit. 43, S. 141) (Abb. 7). Ein neueres schwedisches Verfahren (Lit. 35, Lit. 43, S. 144), stellt derartige Maste auf eine originelle Weise durch einen in fester ungeteilter Schalung sich drehenden Kern her, der den Beton unter Druck in die Form gewissermaßen »hineinschmiert«. Als Kuriosum sei schließlich noch eine amerikanische Übertreibung dieser Bauart erwähnt (Lit. 32), bei der man geradezu eine Eisenkonstruktion vor sich zu haben vermeint (Abb. 8). In dieser Aufzählung sind nur die bekanntesten Systeme enthalten; ihre Anzahl ist sehr viel größer.

Schon diese große Zahl der entstandenen Bauarten, von denen keine auch nur einigermaßen große Verbreitung finden konnte, gibt dem Gedanken Raum, daß hier ein Problem vorliegt, für das die Lösung nicht gefunden wurde. In der Tat sind alle diese Konstruktionen nicht

Abb. 5.

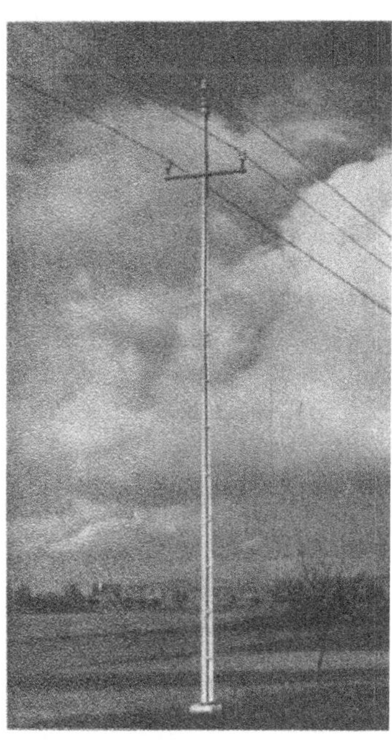

Abb. 6.

nur örtlich, sondern auch zeitlich immer sehr eng begrenzt gewesen, aufgetaucht und wieder verschwunden, verdrängt zuweilen durch andere, die im Grunde auch nichts wesentlich Neues brachten, das dem Kundigen Anlaß wäre, sie vorzuziehen. Die Abb. 9 sagt deutlicher als Worte, worin die Schwierigkeit liegt, welcher aller Wahrscheinlichkeit nach in einer Reihe von Jahren auch die heute »modernen« Bauarten dieser Richtung unterliegen werden: nämlich einfach in der Untauglichkeit des normalen Eisenbetons zu solcher fein aufgelösten Bauweise unter den gleichzeitigen sehr hohen statischen Beanspruchungen, welche die Verwendung als Freileitungsmaste mitsichbringt. Gewiß gibt es Architekturteile aus Eisenbeton von ähnlicher Dimension und Struktur, die zufriedenstellend halten, aber eben doch nur unter bedeutend günstigeren Belastungsverhältnissen (Geländer, Pfosten usw.). Schon die oft ebenfalls geringe Haltbarkeit der letzteren aber zeigt in die Richtung, der das Schicksal der genannten Betonmaste angehört. Ein im freien Land stehender, dem Wetter ungewöhnlich ausgesetzter, von Windstößen und Leitungsschwingungen erschütterter Körper von größter Länge bei kleinstem Durchmesser, zugleich aber in statischer Beziehung aufs äußerste beansprucht, verträgt eben nicht noch eine Auflösung und Ausnützung des Betonmaterials, wie man sie etwa einem Bauelement im Hochbau oder einem Gegenstand der Betonwarenindustrie geben darf. Die nie ganz vermeidbare Porosität des Betons in den geringen noch möglichen Betondeckschichten über den Armierungseisen, wie sie bei den normalen Betonherstellungsverfahren besteht, muß fast mit Sicherheit Risse und Zerstörungen dieser Schichten einleiten. Diese führen dann durch das dauernde Arbeiten des Mastes im Wind zu Abblätterungen, die den Tod des Mastes bedeuten. Leider hat die Überzahl der Mißerfolge mit solchen Konstruktionen bei einer großen Zahl von Ingenieuren der Überlandwerke und Leitungsbaufirmen, die begreiflicherweise nicht immer genug Betonfachleute sein können, um über deren Gründe klar zu sehen, Zweifel und Mißtrauen gegen Betonmaste überhaupt verbreitet, unter denen die wirklich bewährten Maste sehr zu leiden haben.

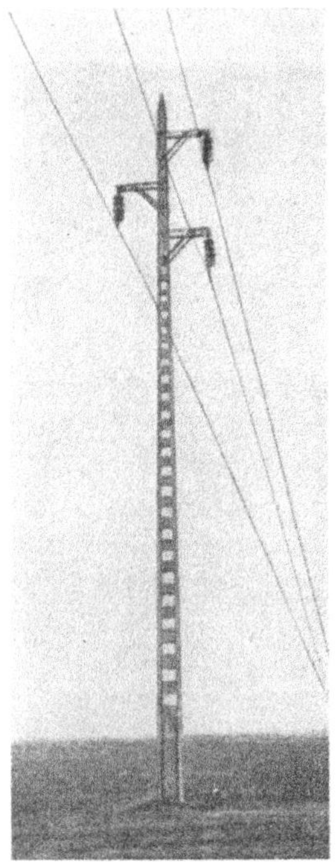

Abb. 7.

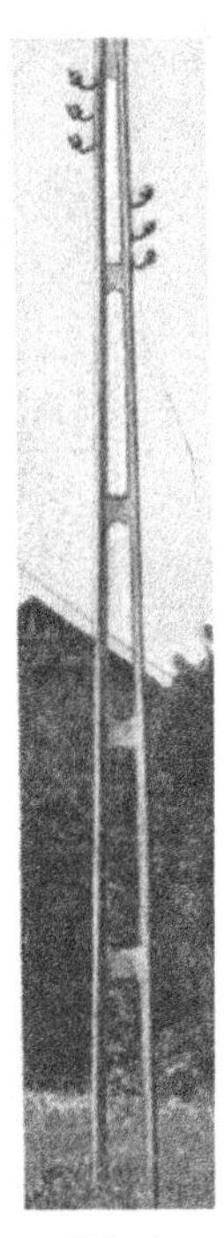

Abb. 8.

Ähnlich diesen Bauarten sind die vollflächigen, aber hohlen Betonmaste, mit denen man es an einigen wenigen anderen Stellen versucht hat (Lit. 3, S. 5, Lit. 14). Sie sind, da sie eine innere und äußere Schalung erfordern, schwierig herzustellen und haben daher nur eine historische Bedeutung als Zwischenstufe zu den eigentlichen Hohlmasten.

Den ersten wesentlichen Schritt zu deren praktischen Durchbildung hat der Schweizer Siegwart mit seiner Erfindung getan, Betonrohre und andere Betonhohlkörper maschinell herzustellen. Das Verfahren ist etwa um 1906 entstanden (Lit. 10, 11, 16). Die Maschine bringt mit Hilfe einer endlosen Gliederrinne nach Art einer Gallschen Kette auf einen sich drehenden mit einer Spannvorrichtung versehenen Holzkern, der die Eisenarmierung vorläufig trägt, im spiraligen Vorschreiten eine Schicht von Beton auf, die sodann noch durch Druckwalzen gehörig durchgeknetet und verfestigt wird. Gleichzeitig wird ein Leinwandstreifen auf den Beton gewickelt. Die Aufgabe des Betons auf das Gliederband geschieht automatisch und daher gleichmäßig und regelbar, so daß wechselnde Wandstärken erzielt werden können. Ist der Abbindeprozeß beendet, so wird der Holzkern nach Lösen der Spannvorrichtung herausgezogen und nach der Erhärtung der Leinwandstreifen, der bis dahin die Austrocknung hintanhalten sollte, entfernt. Der Mast ist dann verwendungsfertig. Das Verfahren ist übrigens später noch in verschiedenen Einzelheiten abgeändert worden.

Abb. 9.

Abb. 10.

Die Armierung der Siegwart-Mastebestand erstmalig aus einem Gerippe mit Längsstäben, welche durch eine Spiralarmierung zusammengehalten wurden, also den Mast zu dem machten, was in der Verbundbauweise als »umschnürter Beton« (béton fretté, Considère, vgl. Lit. 1, Bd. III, S. 258) bezeichnet wird. Durch diesen Aufbau des Mastes und seiner Bewehrung wurde zweierlei erreicht; einmal eine bis dahin unbekannte Gewichtsverminderung und damit ein größerer Transportradius, da eben nur in dieser Art die Herstellung eines ausgesprochenen Hohlkörpers möglich ist, sodann eine klare Berechnungsgrundlage auf Grund bekannter Theorien (Lit. 16). Die Versuchsergebnisse mit den Masten überraschten damals durch die hohe Elastizität. In den Jahren vor dem Kriege wurden Siegwart-Maste in der Schweiz in größerem Umfang angewendet (Albula-Kraftwerk-Leitung der Stadt Zürich u. a.) (Abb. 10), und auch in Deutschland wurde ihre Herstellung von 2 Firmen (Züblin & Co., Stuttgart und Ellmer & Co., Stettin) aufgenommen.

Hier und auch in anderen Ländern ist es jedoch zu einer größeren Verbreitung nicht gekommen (Lit. 4), ja auch die Schweizer Siegwart-Mastenfabrik liegt heute wieder still. Es ist nach der Kenntnis der Verfasser die Meinung verbreitet, daß die Haltbarkeit der Siegwart-Maste doch nicht den Erwartungen entsprochen hätte, da die Homogenität des Betongefüges nicht einwandfrei beherrscht worden sei (vgl. Lit. 3, S. 6) und daß Brüche an verschiedenen Stellen sie in Mißkredit gebracht hätten. Doch konnte Genaues hierüber nicht ermittelt werden. Ein Hauptgrund dürfte schließlich auch der gewesen sein, daß diese Maste nur bis zu Längen hergestellt werden konnten, die heute für Freileitungszwecke nicht mehr ausreichen.

Der Siegwart-Mast ist jedoch der unmittelbare Vorläufer des Schleuderbetonmastes, des bei weitem verbreitetsten Typs, der wohl auch die endgültige Lösung darstellt. Es wird erzählt, daß einer seiner Erfinder, der Ingenieur Rentzsch aus Meißen (Sa.) auf einer Schweizer Reise bei der Betrachtung von Siegwart-Masten auf den Gedanken kam, solche Hohlkörper durch Zentrifugalkraft herzustellen und sich dann durch einen häuslichen Versuch mit der Kaffee-Rösttrommel von der Ausführbarkeit des Gedankens überzeugte. Jedenfalls ist der heutige Schleuderbetonmast im Aufbau dem Siegwart-Mast sehr ähnlich und nur in der Herstellung von ihm völlig verschieden.

Der Gedanke des Schleuderbetonverfahrens zur Herstellung von Masten stammt von der Baufirma Otto & Schlosser in Meißen (Sa.)[1]). Diese Firma war gleichzeitig Besitzerin des damaligen kleinen Elektrizitätswerks der Stadt Meißen und kam, durch die Schwierigkeiten mit schnell faulenden Holzmasten der eigenen Verteilungsleitungen veranlaßt, auf den Gedanken, »nicht faulende und nicht rostende« Maste aus Eternit-Schiefer herzustellen, dessen Fabrikation sie für andere Zwecke betrieb. Sie überzeugte sich an einigen Versuchen davon, daß die Fabrikation solcher Maste »nur im Wege der Rotation geschehen könnte, weil die Betonsäulen in irgendeiner Form mittels Eisen armiert werden müßten, und diese Eiseneinlagen in keiner Weise besser mit Beton zu umschließen seien, als mit Hilfe von Rotationsmaschinen«. In diesem Satz liegt die grundlegende Einsicht, die zur Ausbildung des heutigen Verfahrens führte. Die Schwierigkeit, vor welcher man zunächst die größten Bedenken hatte, nämlich das Entmischen des Betons beim Schleudern, stellte sich bald als überwindbar heraus, und die ersten Patente, welche sich auf Mittel gegen sie bezogen (Verwendung von Faserstoffen, ein offenbar aus der Eternitfabrikation herrührender

---

[1]) Die Darstellung benützt im folgenden eine 1921 verfaßte unveröffentlichte Denkschrift des verstorbenen Kommerzienrats Schlosser der genannten Firma über die Entstehung des Schleuderverfahrens. Dieser erwähnt darin besonders die Verdienste seiner Mitarbeiter, der Ingenieure Völcker und Rentzsch, um die Ausbildung des Verfahrens.

Gedanke usw.) haben heute längst keine Bedeutung mehr. Dagegen machte die Konstruktion einer geeigneten Schleudermaschine so erhebliche Schwierigkeiten, daß erst die fünfte der nach und nach gebauten Maschinen befriedigte. Das grundlegende Patent auf das mit dieser Maschine auszuübende Verfahren stammt aus dem Jahre 1907. Die Maschine ist in ihren Hauptzügen seitdem nicht mehr verändert worden. Später kam noch eine größere Anzahl Patente auf Einzelheiten des Verfahrens und der Armierung hinzu. Das Wichtigste ist das auf die sog. »3. Spirale«, von der noch zu sprechen sein wird (vgl. 2. Kap., S. 29). Auch die Maschine zur Herstellung der Armierungsgerippe und andere Hilfsvorrichtungen wurden von der erfindenden Firma durchgebildet und teilweise durch Patente geschützt.

Abb. 11.

Otto & Schlosser bauten schon 1907 ein eigenes Werk zur Herstellung der Schleudermaste im Drosselgrund bei Meißen und haben für die Entwicklung des Verfahrens viel Mühe und Kosten aufgewendet, wobei auch mancherlei heute zum Teil sonderbar anmutende Umwege eingeschlagen wurden. So glaubte man z. B. anfangs, konische Maste nur durch eine Maschine mit schrägliegender Mastachse herstellen zu können, die sogar patentiert wurde. Ferner versuchte man als Armierung anfangs Tafeln aus Streckmetall zu verwenden, was sich jedoch nicht bewährte, u. a. m. Die Fabrikation kam etwa 1908 in Gang und es wurden schon damals auch in fast allen ausländischen Staaten Patente genommen.

Das erste städtische Verteilungsnetz mit Schleuderbetonmasten wurde in Oschatz, Sachsen, ausgeführt, dem bald Bad Kösen (Abb. 11) folgte. Die erste Bahnanlage war die Linie Dresden—Klotzsche der Dresdener Städtischen Straßenbahn (Abb. 12). Die erste Freileitung wurde in Burg bei Magdeburg zusammen mit den SSW gebaut. Besondere Bedeutung hatte die Ausrüstung der neuen Friedrich-August-Brücke in Dresden (1910) mit Schleudermasten für die Beleuchtung und die Straßenbahn, da durch sie das Verfahren in weiteren Kreisen bekannt wurde (Abb. 13) (Lit. 18). Schon in den ersten Jahren wurde aus dieser kleinen Schleuderwerkstatt eine recht große Anzahl Maste geliefert, bis 1911 über 2000 Stück.

Inzwischen hatte die Firma Dyckerhoff & Widmann A.G. die Lizenz auf das Verfahren erworben und in Cossebaude bei Dresden ein größeres Schleuderwerk errichtet, das noch heute in Betrieb ist. Hier erfolgte z. T. unter Mitwirkung von Professor M. Foerster von der Technischen Hochschule in Dresden, eine rationelle auf wissenschaftlicher Grundlage aufgebaute Durchbildung des Verfahrens (Lit. 15, 17, 18, 21—25). Die Verbreitung der Schleuderbetonmaste nahm rasch zu; bis zum Kriegsbeginn waren in Deutschland weit über 20000 Maste geliefert, eine Zahl, die von keinem anderen Betonmast im In- und Ausland bis dahin auch nur annähernd erreicht war.

Abb. 12.

Die Entwicklung im Ausland begann nun ebenfalls. Ein einziges ausländisches Werk war kurz vor dem Kriegsausbruch in den USA. gegründet worden, das wohl heute noch besteht. Der Krieg hemmte dann zunächst eine weitere Ausbreitung des Verfahrens. Sofort nach seinem Abschluß begann jedoch die Gründung weiterer Werke im Ausland, so 1918 in der Tschechoslowakei, 1920—21 in Italien und Ende 1926 in Frankreich, die heute noch in Betrieb sind und zum Teil eine äußerst rasche Entwicklung ins große genommen haben.

Mit den Vereinigten Staaten ist die Verbindung durch die Beschlagnahme der Patente im Kriege verloren gegangen. Die dortigen zahlreichen (etwa 7) Werke gehen aber wohl auch alle auf das Otto & Schlosser-Verfahren direkt oder indirekt zurück.

Andere, nach dem Otto & Schlosser-Verfahren aufgetretene und von ihm wohl mehr oder minder ausgegangene Verfahren zum Schleudern von Beton, bezwecken die Herstellung von Rohren. Zu nennen sind hier vor allem die Verfahren des Schweizers Vianini, der englischen Hume-Gesellschaft und der französischen Firmen Ferrier und S.T.A.C.[1]).

Das Problem bei der Herstellung von Rohren ist etwas anders geartet, da die Ansprüche an Durchmesser erheblich weiter, die an Länge dagegen weit geringer sind. Hier haben sich daher zwei andere Typen von Maschinen, die für die Mastfabrikation weniger geeignet sind, entwickelt: der »Drehbank-Typ« (Vianini) und der »offene Typ« (S.T.A.C.), bei welchem die Form nicht eingespannt, sondern oben auf die Rollen zweier horizontaler paralleler Wellen gelegt und nur durch ihr Eigengewicht festgehalten wird. Es erübrigt sich, die Rohrfabrikation näher zu behandeln. Ihre Erwähnung geschah nur, weil diese beiden letzterwähnten Maschinentypen vereinzelt rückwärts auch wieder auf die Mastherstellung übertragen worden sind, der Drehbank-Typ in Deutschland (Carstanjen & Co., Duisburg), der offene Typ in England und Spanien, sowie als Ergänzungsmaschine in den italienischen Schleuderwerken. In allen Fällen können solche Maschinen aber nur zur Herstellung von Masten geringer Längen dienen, wie sie für die heutigen Bedürfnisse des Freileitungsbaues nicht genügen. Die genannten Werke haben ihren Schwerpunkt daher auch in der Herstellung von Beleuchtungsmasten und -kandelabern gefunden, und es genügt daher hier ihre Erwähnung.

Abb. 13.

In Deutschland sind nach dem Kriege mehrere weitere Werke nach Otto & Schlosser gebaut worden. Heute sind hier noch zwei Werke, Dyckerhoff & Widmann A.G., Schleuderwerk Cossebaude, und die Beton-Schleuderwerke A.G., Erlangen, in Betrieb. Jedenfalls kann gesagt werden, daß mit den genannten Ausnahmen sich alle in

[1]) Übrigens wurde auch ein weiteres dem Siegwart-Verfahren ähnliches Rohrherstellungsverfahren durch Zisseler in die Praxis eingeführt (vgl. Lit. 1, Bd. V, S. 314).

Europa gebauten Werke zur Herstellung von Schleudermasten des Otto & Schlosser-Verfahrens bedient haben.

Wenn man bedenkt, daß seit Beginn der Fabrikation nach diesem Verfahren bis heute kein einziger Fall bekannt geworden ist, daß ein Mast durch Alters- oder Witterungseinflüsse zerstört wurde, so scheint diese Ausbreitung auch begreiflich. Im Verein mit der Tatsache, daß heute in Europa etwa 250000 Schleudermaste (davon in Deutschland allein weit über 150000) stehen, gibt dies dem Schleudermast gegenüber allen anderen Bauarten von Betonmasten, welche zum Teil oben erwähnt wurden, ein bemerkenswertes Übergewicht. Der stahlbewehrte geschleuderte Betonmast stellt einen Abschluß der bisherigen geschichtlichen Entwicklung des Mastes aus Eisenbeton dar, als deren letztes fortgeschrittenstes Glied er die Vorzüge des Eisenbetons zur vollen Auswirkung bringt, die seine Vorgänger nur teilweise verkörpern konnten. Dies ist auch der Grund, warum das vorliegende Buch sich mit dem Bau dieses einen, eine Zukunft vor allen anderen versprechenden System vorwiegend befaßt.

Die günstige Beurteilung des Schleuderbetonverfahrens in allen Ländern beruht in erster Linie auf einem Umstand, den die Erfinder selbst nicht einmal vorausgesehen hatten. Sie dachten, wie alle anderen, in erster Linie an die Gewichtsverringerung, als sie den Mast hohl schleudern wollten. Schon bald ergab sich aber aus den Untersuchungen (vgl. Lit. 17, 18, 21—24), daß hier ein Beton von einer Bruchfestigkeit und Dichtigkeit erzielt worden war, wie man ihn noch nicht kannte. Vor allem in der Dichtigkeit liegt wohl das Geheimnis der unbegrenzten Haltbarkeit der Schleudermaste. Der im Schleuderverfahren hergestellte Beton ist infolge der ungewöhnlich dichten Lagerung seiner Bestandteile von einer fast marmorartigen Beschaffenheit und dabei von einer großen Gleichmäßigkeit des Gefüges, und diese Eigenschaften konnten bisher auf keine andere Weise erzielt werden als durch Schleudern. Man hat sich den Vorgang wohl so vorzustellen, daß aus dem Beton in der rotierenden Form jeder Überschuß an Anmachwasser bis auf das zum Abbinden nötige herausgepreßt wird. Dieses Wasser, welches beim Schleudervorgang nach dem inneren Hohlraum wandert, schwemmt nun dabei die leichteren (tonigen, staubartigen usw.) Verunreinigungen der Mörtelmasse und die Luftblasen mit heraus, welche andernfalls die Festigkeit und Dichte herabsetzen. Die Beschaffenheit des Inhaltes im Hohlraum eines soeben geschleuderten Mastes, Wasser und ein oft beträchtliches Segment aus einer bröckeligen Masse, liefert augenscheinlich den Beweis für die Richtigkeit dieser Erklärung. In der Tat wird der größte Teil des Anmachwassers beim Schleudern aus dem Beton wieder entfernt, daher auch keine Wasserporen und Kanäle in diesem verbleiben. Das Ergebnis ist ein Beton, den Sachkenner noch stets als ungewöhnlich dicht angesprochen haben. Das spezifische Gewicht von Schleuderbetonproben wurde mit etwa 10% höher ermittelt als des normalen Stampfbetons. Durch **diese** Eigenschaft ist es dem Schleuderbetonmast gelungen, alle anderen Systeme in dem Maße zu überholen, wie es die obigen Zahlen andeuten. Der Schleuderbetonmast war eben der erste Betonmast, der leichtes Gewicht mit hoher Widerstandsfähigkeit gegen die atmosphärischen Einflüsse verband.

Von einer Geschichte des **Freileitungsbaues** mit Betonmasten kann daher auch eigentlich erst seit dem Auftreten des Schleuder-

Abb. 14.

fabrikates, also seit etwa 20 Jahren geredet werden. Handelte es sich vorher um einzelne Versuchsstrecken, bei denen es mehr auf das Ergebnis als auf den Vorgang des Baues selbst ankam, so trat nun der Betonmast nach und nach in die Reihe der normalen Bauelemente des Freileitungsbaues ein und die beim Bau angewandten Methoden begannen auf ihn Rücksicht zu nehmen.

Die Entwicklung des Freileitungsbaues mit Schleudermasten zeigt aber nun in den verschiedenen Ländern beträchtliche Unterschiede, die dazu zwingen, die Länder zunächst einzeln zu behandeln.

In **Deutschland**, dem Ursprungsland des Schleuderbetons, hat sie sich in mehrfachen Wendungen abgespielt, welche durch die Zeitverhältnisse bedingt waren. In den ersten Jahren der Herstellung von Schleuderbetonmasten bestanden begreiflicherweise gewisse fabrikatorische Hemmungen, welche es nicht wagen ließen, Maste für größere Längen und höhere Beanspruchungen zu liefern. Bald waren aber die theoretischen Unterlagen für eine praktische Berechnung der Maste so geklärt und die Methoden der Herstellung so weit ausgebildet, daß schon vor dem Kriege eine größere Zahl bemerkenswerter Überlandleitungen bis zu 30 kV erstellt werden konnten (vgl. das Verzeichnis am Ende des Buches, S. 170, ferner Lit. 5 und Abb. 14). Die Preislage war damals für die Schleudermaste nicht ungünstig, obwohl sie auf Grund der Vorschriften mit einer 5fachen Sicherheit zunächst sehr viel schwerer gebaut werden muß-

Abb. 15.

Abb. 16.

ten als heute. Allerdings wurden auch die Stahlmaste damals noch für höhere Sicherheiten berechnet. Einige Jahre nach dem Kriege begann wieder eine Periode reichlicherer Verwendung von Schleuderbetonmasten, als der Ausbau der Leitungsnetze in größerem Umfange durchgeführt wurde (Abb. 15, 16, 17). Durch Verbesserungen in der Fabrikation und Verfeinerung der Berechnungsmethoden, die auf die mittlerweile gesammelten Erfahrungen aufgebaut sind, konnte man ohne Bedenken die Materialien höher beanspruchen, so daß die Betonmaste immer leichter wurden. Infolge der hohen Betriebsspannungen und großen Spannweiten, für die die Fernleitungen seit Anfang der 20er Jahre gebaut wurden, traten trotzdem Mastgewichte auf, für deren Bewältigung die Baufirmen nicht genügend mit Gerät und Erfahrungen ausgerüstet waren. Dies hat dann dazu geführt, daß sich vielerorts ein gewisses Vorurteil gegen den Bau mit Schleuderbetonmasten erneut verbreitete. Mittlerweile sind jedoch durch weitere Anpassung der Sicherheitsvorschriften an die praktische Erfahrung und durch weitere Verbilligung der Fabrikation die Betonmastpreise endgültig sehr nahe an die der Stahlmaste herangekommen. Auch sind die Baumethoden heute gegenüber jener Zeit wesentlich andere geworden. Die durch die immer schwereren Maste der Höchstspannungsleitungen bedingte Verwendung maschineller Transportmittel und Stellgeräte hat bewirkt, daß die Baukosten von dem Gewicht

Abb. 17.

der verwendeten Maste kaum mehr abhängig sind. In den letzten Jahren ausgeführte Leitungen, welche nach modernen Gesichtspunkten gebaut wurden, haben in der Tat ergeben, daß die Gesamtkosten der Schleuderbetonleitnngen nicht wesentlich höher waren als die des damit vergleichbaren Stahlgestänges (vgl. 8. Kap. u. Lit. 41) (Abb. 18). Mit der Steigerung der Spannungen und Querschnitte der Leitungen haben die Schleudermaste überdies stets gut Schritt halten können und neuerdings sind sogar Strecken von 220 kV mit ihnen gebaut worden (Abb. 21, 25). Somit kann also erwartet werden, daß die Verwendung des Schleuderbetons für den Freileitungsbau, insbesondere wenn die Wiederkehr normaler Kapitalzinssätze die gesunde wirtschaftliche Erwägung wieder erlauben wird, den Vorteil höherer Lebensdauer auch bei etwas höheren

Anschaffungskosten wahrzunehmen, sich noch weiter ausbreitet und sogar die Meinung vertreten werden, daß sich der Schleuderbeton als Material für Freileitungen in Deutschland trotz seiner bereits großen Verbreitung noch in dem Anfang seines Aufstieges befindet. Die Verbreitung des Schleuderbetonmastes für andere Verwendungsgebiete, insbesondere für städtische Beleuchtungszwecke, wo der ästhetische Gesichtspunkt eine noch größere Rolle spielt, haben auch die ungünstigen wirtschaftlichen Verhältnisse in Deutschland nicht aufhalten können, wie die letzten Jahre in fast allen Großstädten gezeigt haben.

Die Erfahrungen in anderen Ländern mit günstigeren wirtschaftlichen Verhältnissen bestärken diese Annahme.

In Italien ist die Entwicklung von allen Ländern der Erde am stürmischesten gewesen. Nach ihrem im Jahre 1923 in volle Leistungsfähigkeit gekommenen Werk Mori hat die Società Cementi Armati Centrifugati (S.C.A.C.) inzwischen 3 weitere Werke in Neapel, Tirana (Albanien) und bei Mailand gebaut, welche voll beschäftigt sind. In diesen Jahren sind neben zahlreichen anderen Verwendungen von Schleudermasten mehrere 1000 km Freileitungen gebaut worden (Abb. 19, 20), davon neuerdings eine solche von 220 kV (Lit. 49) (Abb. 21), außerdem eine große Zahl solcher von 60—135 kV. Der Schleuderbetonmast hat hier (was allerdings für seine nicht geschleuderten Vorgänger, die hier sogar weniger als in den anderen Ländern verbreitet sind, ebenso gelten würde), besonders günstige Verhältnisse angetroffen: Hohe Preise des fast ausschließlich importierten Eisens bei gleichzeitigem Mangel an Holz, das ebenfalls zum größten Teil Einfuhrartikel ist. Andererseits den Zement als bodenständiges Material, dessen Verwendung sich jeder Förderung durch eine wirtschaftautonomische Regierung erfreut und niedrige Löhne. Dazu kommt noch, daß Italien gerade in diesen Jahren einen großzügigen Ausbau der bis dahin kaum vorhandenen Überlandstromversorgung erlebt, der in einigen Gegenden (Po-Ebene, Sizilien usw.) den planmäßigen und raschen Bau eines Netzes von Hunderten von Kilometern neuer Leitung nötig machte. Bei dieser Gelegenheit hat es der Schleuderbetonmast im Freileitungsbau zu einer fast bevorzugten Beliebtheit bringen können und hat in Italien ohne Zweifel eine sehr große Zukunft. Bemerkenswert ist die relativ ausgedehnte Anwendung auch für Telephon- und Telegraphenleitungen (Abb. 22).

In Frankreich, wo, wie aus den früheren Abschnitten zu ersehen ist, die Verwendung von Betonmasten am längsten vor dem Schleudermast begann, ist dieser erst 1926 eingedrungen, und zwar auf dem Umweg über Italien. Gleichwohl hat er sich in diesen wenigen Jahren eine Stellung errungen, die sehr bemerkenswert ist. Es wurden bereits mehrere hundert Kilometer Leitungen mit Spannungen bis zu 90000 V sowie Mittel- und Niederspannungsleitungen in großer Ausdehnung gebaut. Abb. 23 zeigt den Abspannmast einer 60-kV-Leitung mit sehr

Abb. 18.

Abb. 20.

Abb. 19.

Abb. 21.

schlanker Traversenausbildung. Abb. 24 ist die Ansicht einer 90-kV-Leitung, die abweichend von deutschen Gepflogenheiten auf Stützisolatoren gebaut worden ist.

In den beiden genannten Ländern ist der Schleudermast in die anderen Verwendungszwecke (Beleuchtungskandelaber, Freiluft-Transformatoren-Stationen usw.) ebenso wie in Deutschland rasch eingedrungen und die Verwendung für Freiluft-Schaltstationen ist dort sogar weit ausgedehnter als in Deutschland (vgl. 10. Kap.).

Abb. 22.

Im übrigen sei für die Ausbreitung in den beiden Ländern auf das Verzeichnis am Ende des Buches (S. 170) verwiesen.

Die Abb. 54, 58, 92, 134, zeigen weitere Ausführungen aus diesen Ländern.

In England und Spanien sind erst in der allerletzten Zeit Schleuderwerke gebaut worden, daher kann über die Entwicklung hier noch nichts gesagt werden.

Da Betonmaste auch in der Form der Schleudermaste ihrer Natur nach kein Exportartikel sein können, ist die Versorgung von Ländern ohne eigene Herstellung vom Ausland her auf Ausnahmefälle beschränkt geblieben. So wurde 1921 in Schweden eine mehrere 100 km lange Kraftübertragungsleitung von den Trollhättan-Fällen nach Stockholm

Abb. 23.

Abb. 24.

Abb. 25.

Abb. 26.

Abb. 27.

zum großen Teil mit aus Deutschland gelieferten Schleudermasten gebaut (Lit. 27 und 29) (Abb. 25) und die SSW verwendeten Schleudermaste beim Ausbau der irischen Wasserkräfte (Shannon-Projekt) in den Jahren 1926—27.

Die übrigen kleineren Länder Europas, in denen sich die Errichtung eines eigenen Schleuderwerkes wegen der geringen Absatzmöglichkeit nicht lohnt, werden zum Teil von den Nachbarländern (z. B. Holland von Deutschland, Belgien von Deutschland und Frankreich) beliefert, so daß die geschilderte Entwicklung auf sie mit zutrifft. Zum großen Teil haben sie sich aber durch die heutigen Zollschranken von der Verwendung von Schleuderbetonmasten selbst ausgeschlossen und behelfen sich, soweit sie überhaupt Betonmaste verwenden, mit örtlichen Spezialbauarten nicht geschleuderten Systems. In allen diesen Ländern ist aber von einer ausgedehnteren Anwendung des Betons im Freileitungsbau keine Rede, sie bleibt auf Ausnahmefälle beschränkt.

Eine besondere Stellung unter den kleinen Ländern nimmt noch die Tschechoslowakei ein, wo ein kleines Schleuderwerk seit Kriegsende besteht. Dieses ist aber nur für Maste geringer Länge eingerichtet und konnte daher in diesem übrigens besonders holz- und eisenreichen Lande wenig durchdringen.

Abb. 28.

Aus dem Ganzen ergibt sich der Eindruck, da der Freileitungsbau mit Schleuderbetonmasten in einer durch Kriegs- und Nachkriegsverhältnisse aufgehaltenen Entwicklung heute in den meisten europäischen Industrie- und vor allem in den ausgesprochenen Elektrizitätsländern sich in einem unbestreitbaren Vordringen zeigt; sein Tempo ist in den holz- und eisenarmen Ländern stürmisch, in den anderen langsamer. Das Verzeichnis der in Europa ausgeführten Leitungen am Schluß des Buches ergibt, obwohl Vollständigkeit nicht ganz zu erreichen war, eine Übersicht über den Hauptteil der bisherigen Ausführungen und zeigt mit seinen Tausenden von Kilometern den heutigen Stand des Fortschrittes. Daß die wachsenden Spannungen für den Schleuderbeton kein Hemmnis sind, haben neue Ausführungen gezeigt. Auch auf dem Gebiet der niedrigen Spannungen und Verteilungsnetze beginnt sich die Kenntnis seiner Wirtschaftlichkeit trotz höherer Anschaffungspreise mehr und mehr durchzusetzen (Abb. 26, 27). Die wirtschaftlichen Grenzen seiner Anwendung sind heute daher noch nach keiner Seite erreicht. Sie werden maßgeblich beeinflußt von den anfallenden Baukosten, zu deren Verminderung die im folgenden gesammelten und mitgeteilten Erfahrungen mit dienen sollen.

Abb. 29.

Abb. 30.

Ein Blick auf die letzten Abbildungen 28—30 läßt noch erkennen, daß die günstige Beurteilung, welche die Mast ein ästhetischer Beziehung fast überall erfahren haben, wo sie auftraten, zu Recht besteht und die von einigen Stellen bemängelte helle Färbung des materialechten Betons nur eine Anschauung einzelner ist. Die Eisengittermaste galten anfangs ebenfalls als unschön. So wird sich das Auge an die »freundlichere« Farbe der in der Form viel befriedigenderen Leitungsbauwerke aus Schleuderbeton noch viel leichter gewöhnen.

Literatur-Übersicht.

Bücher:

1. Handbuch für Eisenbeton (herausgegeben von Dr.-Ing. F. Emperger), 3. Auflage, Berlin 1922.
2. M. Foerster, Die Grundzüge des Eisenbetonbaues, 3. Auflage, Berlin 1926.
3. Boudet, Les pylones en béton fretté centrifugé, Paris 1925 (Ver. Ch. Béranger).
4. Riepert, Zementverarbeitung, Heft 3, »Pfosten und Maste«, Berlin 1917 (Zementverlag).
5. Klingenberg, Bau großer Elektrizitätswerke, 2. Auflage, Berlin 1924.

Zeitschriften:

6. Cement and Engineering News, New-York 1902.
7. Le béton armé, Paris 1903.
8. Forestier, Beton u. Eisen 1914, Heft IV, S. 205.
9. Il Cemento, Mailand 1905.
10. S. Herzog, Schweiz, Elektrotechn. Zeitschrift 1906, Heft 51, S. 623.
11. H. Siegwart, Beton u. Eisen 1907, Heft V und VI, S. 121 und 153.
12. C. A. Cellar, Cement Age, New-York 1907.
13. Concrete and constructional Engineering, London 1907.
14. Engineering News, New-York 1907.
15. M. Foerster, Beton u. Eisen 1908, Heft IV, S. 85.
16. Schüle, ebda. S. 87.
17. M. Foerster, Armierter Beton 1909, März, S. 88.
18. ders., ebda. 1910, November, S. 429.
19. Wagner, Mitteilungen d. Vereinigg. d. Elektr.-Werke 1910, Heft 12, S. 301.
20. Bulletin Nr. 25 der Assoc. of American Portland Cement Manufacturers, Philadelphia 1910.
21. M. Foerster, ETZ 1911, Heft 10.
22. ders., Armierter Beton 1912, Januar, S. 26.
23. ders., ebda. 1913, Heft 1.
24. ders., ebda. 1914, Heft 4.
25. ders., Techn. Gemeindeblatt 1916, Heft 5.
26. ders., Bauingenieur 1920, Heft 3.
27. ders., ebda. 1922, Februar, S. 104.
28. Elektrotechn. Anz. 1922, Heft 181, S. 1430.
29. M. Foerster, ETZ. 1922, Heft 3, S. 1109.
30. Wintermeyer, Elektrotechn. Anz. 1923, Heft 67 und 68, S. 471 und 477.
31. ebda., Heft 189/90, S. 1196.
32. Concrete, Chicago 1925, November, S. 22.
33. Beck, ETZ 1926, Heft 6, S. 153.
34. Zement 1926, Nr. 44, S. 817.
35. Lang, ebda. 1926, Oktober, S. 19.
36. ETZ 1927, Heft 25, S. 885.
37. Auerbach, Elektromarkt 1927, Heft 48, S. 2.
38. Kisse, Zement 1927, Nr. 16, S. 311 (ders. Aufs. Bautechn. 1927, S. 256 und Elektr.-Wirtsch. 1927, S. 442).

39. Wood, Electric Journal (USA) 1927, December.
40. Ranzi, Ingegneria (Italien) 1927.
41. Burget, ETZ 1928, 24. Januar.
42. Zemenet 1928, Nr. 9, S. 347.
43. Kleinlogel, Beton u. Eisen 1928, Heft 6 und 7, S. 120 und 140.
44. Elektrotechn. u. Maschinenbau, Wien 1928, Nr. 18, S. 403.
45. S. Nicolò, Elettrotecnica (Italien) 1928, Nr. 18.
46. The Electrician, London 1928, Nr. 2591.
47. Montagni, Impiego dei pali in cemento armato usw., Mailand 1929 (Bericht vor der 33. Jahresversamml. d. Ass. Elettrotecn. Ital.).
48. »Sincronizzando« (Rivista della S. J. P.), Turin, versch. Hefte 1927—29.
49. ETZ 1930.
50. Firmen-Druckschriften der Firma Otto & Schlosser, Meißen (Sa.).
51. dgl. Dyckerhoff & Widmann, Cossebaude b. Dresden.
52. dgl. Beton-Schleuderwerke A.G., Erlangen (Bay.).
53. dgl. Societá Cementi Armati Centrifugati (S. C. A. C.), Trient (Italien).
54. dgl. Société des Poteaux Electriques (Forclum), Paris.

Rohre betreffend:

55. Mayer, Beton u. Eisen 1928, Heft 13.
56. Roš, Schweiz. Bauztg. 1929, 22. Juni.
57. Keller, Gas- u. Wasserfach 1929, 46. Heft.

II. Die Herstellung der Schleuderbetonmaste.

Die folgenden Mitteilungen über die Fabrikation der Schleuderbetonmaste beschränken sich auf die Beschreibung der in den deutschen Werken gebräuchlichen Herstellungsart, da diese auf die längsten Erfahrungen zurückblicken können. Die ausländischen Fabriken haben mit geringen Abweichungen in Nebendingen den genau gleichen Fabrikationsgang übernommen.

Abb. 31 zeigt den Aufbau eines Schleuderbetonmastes in Form einer schichtenweisen Abschälung seiner Teile. Man sieht an diesem »Präparat« deutlich die starke Betonwand des rohrförmigen, konischen Hohlkörpers, in der das Stahlgerippe der Armierung liegt, das ebenfalls im ganzen die Form eines konischen Körpers aus einer Art Gitterwerk hat. Dieser »Gitterkäfig« besteht aus runden Längsstäben, die durch mehrere Spiralen aus Draht geringeren Durchmessers zusammengehalten werden. Er liegt vollkommen eingebettet im Beton, dessen äußere und innere Schicht ihn von der Luft völlig abschließen. Selbstverständlich hat man sich diese Schichten nicht irgendwie getrennt vorzustellen, sie bilden eine kompakte Betonmasse und erscheinen auf dem Bild nur getrennt durch die Art der schematischen Darstellung.

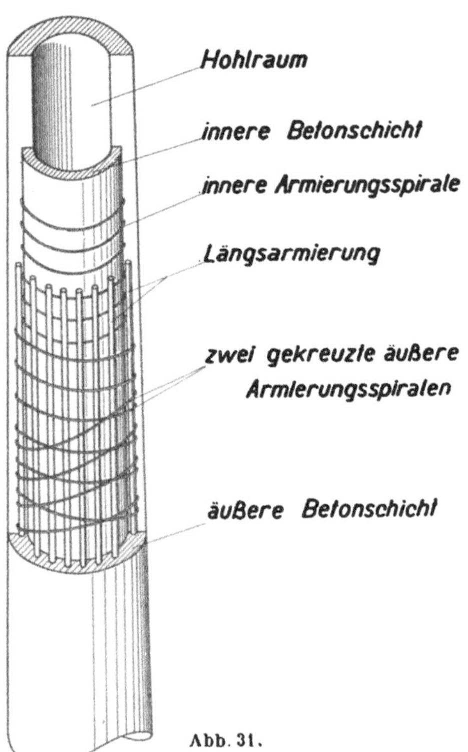

Abb. 31.

Hier wird eine kurze Übersicht über das Wesen des Eisenbetons nützlich sein. Im Eisenbeton wirken zwei äußerst verschiedene Stoffe in innigster Verbindung miteinander zur Aufnahme der Belastungen. Dies Zusammenwirken, das im Grunde auf einem Nebeneinanderwirken beruht, dauert so lange, als die mechanische Verbindung, bestehend in einer starken Einklammerung des Eisens in Beton, einer Einspannung des Eisens in seiner ganzen Länge in die erhärtete Betonmasse anhält. Von dieser Betrachtungsart rührt der Name »Verbundbauweise« für den Eisenbetonbau her. Die geschilderte Verbindung beruht auf der sog. »Haftwirkung« des Eisens im Beton, verursacht durch eine geringfügige Zusammenziehung, ein »Schwinden« des anfangs flüssigen Betonmörtels, in welchem die Eisen eingebettet liegen, beim Abbinden und Erhärten. Die dauernde Aufrechterhaltung des hierdurch geschaffenen Verbundes wird dadurch wesentlich begünstigt, daß beide Stoffe fast genau die gleiche Wärmeausdehnungsziffer aufweisen, ein zufälliger Umstand von größter Bedeutung. In diesem beim Abbinden und Erhärten erreichten Zustand einer gewissen inneren Vorspannung wirken die beiden Stoffe, oder vielmehr der aus ihnen entstandene Verbundkörper aus Eisenbeton, zur Aufnahme der äußeren Kräfte. Das Eisen steht in ihm unter einer primären Druckspannung, wird also durch die ersten Zugformänderungen entlastet, der Beton unter einer primären Zugspannung, die also bei den ersten Druckformänderungen zu einer Entlastung führt. Da das Eisen geeigneter zur Aufnahme von Zugkräften ist als der Beton, versucht man durch seine zweckentsprechende Verteilung und Anordnung zu erreichen, daß die Zugspannungen vornehmlich durch das Eisen, die Druckspannungen vornehmlich durch den Beton aufgenommen werden, d. h. man armiert hauptsächlich die Querschnittszonen, in denen voraussichtlich Zugkräfte auftreten werden in der Richtung dieser Zugkräfte und läßt die reinen Druckzonen schwächer armiert. Querverstrebungen zwischen den in den Hauptbeanspruchungs-Richtungen liegenden Längseisen, sog. Bügel sorgen in erster Linie für genaue Einhaltung von deren vorgeschriebener Lage im noch flüssigen Beton, haben aber auch später eine wichtige Funktion zur Verteilung der Spannungen, vor allem der sekundären Schubspannungen im Beton.

Das Eisengerippe macht in dieser Art also alle Formänderungen des Betons, der Beton alle Formänderungen des Eisens so lange mit, bis durch Überbeanspruchung eines der beiden Stoffe an irgendeiner Stelle der Verbund gelockert wird und damit der Bruch des ganzen Verbundkörpers eintritt. Reiner Beton könnte nur Druckkräfte aufnehmen, seine Zugfestigkeit ist gering. Eisenbeton aber vermag auch Biegungskräften standzuhalten.

Von ganz wesentlicher Bedeutung ist aber auch noch der Umstand, daß das Eisen im Beton rostsicher konserviert eingebettet liegt. Beton hat auf die Dauer sogar eine geradezu entrostende Wirkung auf verrostet eingebrachtes Eisen. Dichter Beton läßt einen gleichzeitigen Zutritt der Rostbildner Wasser und Luft zum Eisen nicht zu. Daher kann die sog. »Deckschicht«, die geringste Distanz irgendeines Armierungsteiles von der Außenfläche, um so geringer sein, je dichter der Beton ist.

Die Qualität jedes Betons wird von den folgenden Faktoren ausschlaggebend bestimmt:

der Qualität des Zements,
der Kornzusammensetzung der Zuschlagstoffe und deren Qualität,
dem Wasserzusatz und der Wasserbeschaffenheit,
der Güte der Mischung (Mischmaschine),
der Verarbeitung des frischen und
der Nachbehandlung (Lagerung) des abgebundenen Gemenges.

Auf diese Punkte kann hier nicht näher eingegangen werden, die genügende Erfahrung hierin muß bei dem, der sich mit der Herstellung von Betonbauwerken oder -waren befaßt, vorausgesetzt und gefordert werden. Sie umfaßt das, was als die eigentlichen »Kunstregeln« der Betonherstellung bezeichnet wird, und worüber in Lehrbüchern dieses Faches das Erforderliche zu finden ist[1]).

Aus der geschilderten Einklammerungswirkung des Betons auf das Eisen ergibt sich auch, daß ein Zuviel an Armierung schädlich ist. Ein Eisenkörper von an sich genügender Festigkeit, zum Rostschutz mit Beton umkleidet, würde kein Verbundkörper, kein Eisenbeton sein. Der Beton würde vielmehr infolge der inneren Spannungen bei Formänderungen reißen und abblättern. Im Eisenbeton sind beide Bestandteile von gleich wesentlicher Bedeutung. Ihre Form und Menge richtet sich nach den Erfahrungen und ist durch die statischen Berechnungen festzulegen.

Ein Schleuderbetonmast nun ist ein solcher Verbundkörper, der von den angreifenden Kräften auf Biegung beansprucht wird, indem er an einem Ende fest eingespannt ist, und es ist ohne weiteres anschaulich, daß ein rohrförmiger Körper hierfür sehr geeignet ist. Eine einfache Rechnung ergibt denn auch, daß das Verhältnis zwischen statischem Widerstandsmoment und Querschnittsfläche (letztere proportional der aufgewendeten Materialmenge) bei gleichem größtem Durchmesser, also die Materialausnützung, für den Ringquerschnitt bei den in Frage kommenden Durchmesserverhältnissen am günstigsten ist (vgl. Lit. 3, S. 19).

Ebenso anschaulich ist die Zweckmäßigkeit der Verjüngung dieses Körpers nach dem freien Ende hin, als Körper gleicher Festigkeit[2]). Diese letztere Eigenschaft wird weiter betont dadurch, daß nicht alle

---

[1]) Die vollständigste den Verfassern bekannte Zusammenstellung hierüber bietet in verhältnismäßig knapper Form die Reichsbahnvorschrift AMB (Lit. 66).

[2]) Die Verjüngung wird heute ziemlich allgemein mit 15 mm pro lfd. m in wenigen Ausnahmefällen bis 10 mm nach unten und bis 20 mm nach oben gewählt. Kleinere Verjüngungen wirken ausgesprochen plump, größere ergeben ungünstige Verhältnisse für die statische Berechnung.

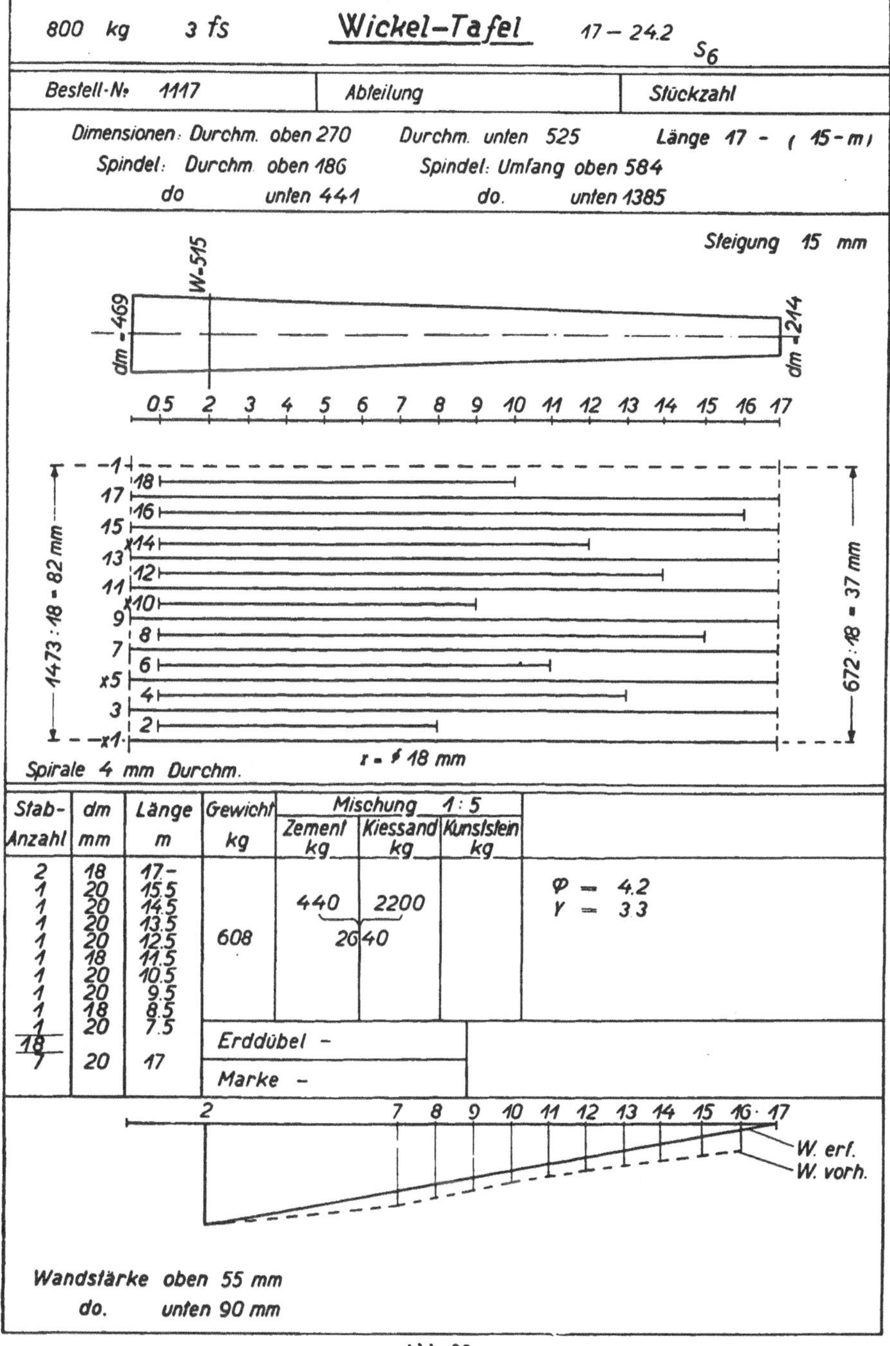

800 kg 3 fs **Wickel-Tafel** 17 – 24.2 S6

Bestell-№ 1117	Abteilung	Stückzahl

Dimensionen: Durchm. oben 270 Durchm. unten 525 Länge 17 - (15-m)
Spindel: Durchm. oben 186 Spindel: Umfang oben 584
do unten 441 do. unten 1385

Steigung 15 mm

W-515
dm - 469
dm - 244
0.5 2 3 4 5 6 7 8 9 10 11 12 13 14 15 16 17

1 18 17 16 15 x14 13 12 11 x10 9 8 7 6 x5 4 3 2 x1
1473 : 18 = 82 mm
672 : 18 = 37 mm
r = ∮ 18 mm
Spirale 4 mm Durchm.

Stab-Anzahl	dm mm	Länge m	Gewicht kg	Mischung 1 : 5 Zement kg	Kiessand kg	Kunststein kg	
2	18	17-	608	440	2200		φ = 4.2
1	20	15.5		2640			γ = 3.3
1	20	14.5					
1	20	13.5					
1	20	12.5					
1	18	11.5					
1	20	10.5					
1	20	9.5					
1	18	8.5					
1	20	7.5	Erddübel -				
18							
7	20	17	Marke -				

2 7 8 9 10 11 12 13 14 15 16 17
W. erf.
W. vorh.

Wandstärke oben 55 mm
do. unten 90 mm

Abb. 32.

am Fuß vorhandenen Längsarmierungsstäbe bis zur Spitze durchlaufend geführt werden, sondern daß sie, den abnehmenden Biegungsmomenten in den weiter oben liegenden Querschnitten sich ungefähr anpassend, fortschreitend abgebrochen werden, wie ja auch im oberen dünneren Ende ohnehin nur weniger Eisen auf dem Umfang Raum finden. Erfahrungsgemäß wird nur etwa die halbe Zahl der Längsstäbe bis zum oberen Ende durchgeführt.

Die Spiralarmierung aus Draht vertritt hier nicht nur die Funktion als »Bügel« zur Distanzierung der Längsarmierung in der richtigen Lage. Diese Aufgabe hat vorwiegend die innere Spirale zu erfüllen. Die beiden äußeren gekreuzten Spiralen beteiligen sich zwar auch an ihr, haben aber in mehrfacher Beziehung noch einen weiteren Sinn. Was die »Umschnürung« durch Spiralen für die Verbundwirkung und die Festigkeit des umschnürten säulenförmigen Körpers bedeutet, ist in der Betontheorie bekannt und die Erörterung dieser Spezialfrage würde hier zu weit führen (vgl. Lit. 2). Dazu kommt aber auch noch, daß die gekreuzten Spiralen zur Aufnahme der ebenfalls oft vorkommenden Verdrehungsbeanspruchungen des Mastes von Wichtigkeit sind. Diese ganze Spezialart der Armierung mit 3 Spiralen ist daher auch als eine der Grundlagen des Verfahrens patentiert.

Den so zweckmäßig aufgebauten Verbundkörper gilt es nun im Schleuderverfahren herzustellen.

Die Fabrikation umfaßt drei Abschnitte:

1. Die Herstellung des Armierungsgerippes,
2. Die Bereitung des Mörtels und das Schleudern selbst,
3. Das Erhärten des Mastes.

1. Herstellung der Armierungsgerippe. Den »Bauplan« für das Gerippe enthält die sog. Wickeltafel, die für jeden Masttyp besonders angefertigt wird und von der die Abb. 32 ein Beispiel gibt. Sie zeigt in ihrem oberen Teil eine Abwicklung des Armierungsgerippes in die Ebene mit Angabe des Abstandes, des Durchmessers, der Länge und der Lage jedes einzelnen Armierungsstabes.

Die Längsstäbe aus Siemens-Martinstahl, welcher heute allgemein mit 70—80 kg/mm² Festigkeit bei einer Dehnung von mindestens 14% [1]) gewählt wird, werden vom Lager genommen und nach der Wickeltafel mit der Stabschere auf Länge zugeschnitten.

Zur Herstellung von größeren als den lagermäßigen Längen und auch zur Verwertung kurzer Abfallstücke bedient man sich zweckmäßig einer elektrischen Stumpfschweißmaschine. Ein Absetzen des Durchmessers der Stäbe in der Länge durch Aneinanderschweißen, wie es an sich sinngemäß möglich wäre und bei anderen Mastarten angewendet

[1]) In Italien wird sogar ein Spezialstahl von 90—100 kg/mm² Festigkeit und gleicher Dehnung verwendet.

wird, ist nicht üblich, da es die Herstellung verteuert. Billiger und von gleicher Wirkung ist bei dem ringförmigen Querschnitt das auf den Abbildungen 33 und 34 gut erkennbare stufenweise Abbrechen einzelner Stäbe in der Länge.

Die so vorbereiteten Stäbe werden auf einen »Legetisch« (Abb. 33), bestehend aus einzelnen Böcken, genau in den Lagen und Abständen der Wickeltafel ausgelegt, wobei man sich an den Böcken befestigter, mit Nägeln kammartig benagelter Latten als Lehren bedient und in

Abb. 33.

dieser Lage durch schwache, weiche Drähte vorläufig miteinander verbunden. Die BSW benützen Böcke aus Formeisen, bei denen die Stifte automatisch verstellt werden können. So entsteht eine Art »Matte«, die natürlich Trapezform hat, entsprechend der Verjüngung des Mastes.

Inzwischen ist auf einem zusammenklappbaren Holzkern, der häufig auch mit Eisen beschlagen ist, auf der Wickelmaschine (Abb. 33, links Mitte) eine Spirale aus Stahldraht von 60—70 kg/mm² Festigkeit aufgewickelt worden. Der Kern ist an den beiden Enden fest auf Schlitten eingespannt, die auf einem vor und hinter der Maschine gleichachsig liegenden Schienenpaar rollen und dabei den Kern durch das Innere der Trommelspule der Wickelmaschine führen. Die Geschwindigkeit des Kerntransportes in der Längsrichtung ist verstellbar und ergibt in ihrem Verhältnis zur Umdrehungszahl der Trommelspule die Ganghöhe der Spirale. Die Trommelspule trägt den vorher darauf aufgewickelten Drahtbund und bringt im Drehen die Drahtwindungen mit einiger Spannung auf den Kern auf.

Nach Herstellung der ersten inneren Spirale wird die Matte vom Legetisch mit dem Kran oder von Hand hochgehoben, auf den Kern aufgelegt und durch Verbindung der Enden der weichen Bindedrähte geschlossen. Hierauf läuft der Kern noch einmal durch die Spule der

Abb. 34.

Wickelmaschine hin und zurück und nimmt dabei die beiden äußeren gekreuzten Spiralen auf. Nun wird entweder durch Bindedrähte oder billiger durch elektrische Punktschweißung eine feste Verbindung der Längs- und Querarmierung an einer ausreichenden Zahl von Kreuzungspunkten hergestellt, so daß das ganze Gerippe ein in sich unverrückbares Ganzes bildet. Der Kern kann alsdann zusammengeklappt und herausgezogen werden. Fertige Armierungsgerippe zeigt Abb. 34.

2. Der Schleuderprozeß. Dieser umfaßt:

Das Einlegen der Gerippe in die Formen,
das Vorbereiten des Betonmörtels,
das Füllen und Schließen der Formen,
das Schleudern in der Maschine.

Die Formen (Schalungen) bestehen aus einem Gerippe von Profileisen, das mit verfugten Holzbohlen ausgelegt ist (Abb. 35), so daß sein Inneres die Negativform des Mastes darstellt. Diese ist bei Freileitungsmasten wohl ausnahmslos der Konus vom Kreisquerschnitt. Bei anderen Verwendungsarten des Schleudermastes ist er aber oft viel komplizierter, vieleckig, kanneliert od. dgl. Die Formen bestehen nach zwei Mantellinien geteilt, aus zwei gleichen Hälften, die mittels Gummidichtung, Nut und Schrauben zusammengefügt werden. Neuerdings sind die Schalungen meist mit Blech ausgeschlagen, um halt-

Abb. 35.

barer zu sein. Die Verwendung gußeiserner Schalungen wird in Deutschland zu teuer, in Amerika soll sie üblich sein.

Einlegen. In die eine Hälfte dieser Form wird nun das vorbeschriebene Armierungsgerippe eingelegt, nachdem es vorher in weiten Spiralgängen mit biegsamen Dreikantleistchen aus Betonstücken (vgl. Abb. 34 u. 35) bewickelt wurde, die es in der Form mit einem ihrer Dicke entsprechenden Abstand von der Wandung festlegen. Es ist offenbar, daß das Maß dieser Betonleisten die Dicke dessen bestimmt, was oben als »Deckschicht« erläutert worden ist. Sie beträgt bei Schleuderbeton in Deutschland gemäß den VDE-Vorschriften 1 cm (bei anderen Betonarten im allgemeinen 2—4 cm). Gleichzeitig werden zur Herstellung von Aussparungen in der zukünftigen Betonwand des

Mastes (Öffnungen, Kabelschlitze, Türen usw.) Holzkerne, ferner eingeschleuderte Teile, wie Erdungsdübel, Spannhakenbüchsen u. dgl., in die Form mit eingelegt und befestigt, sowie endlich die Form eingeölt.

Betonmischen. Das Mischen des Betons geschieht in einer normalen Betonmischmaschine, die zweckmäßig ein Stockwerk höher steht, damit der Beton durch einen Fülltrichter in die Form geleitet werden kann. Irgendwelche Besonderheiten bietet dieser Vorgang nicht. Das Mischungsverhältnis ist gewöhnlich 1:3 bis 1:5. Die Konsistenz des Betons ist dickflüssig mit etwa 10% Wasserzusatz, ungefähr wie bei Gießbeton. Zur Verwendung gelangt heute ausschließlich hochwertiger Zement, jedoch kein sog. Schnellbindezement. Selbstverständlich dürfen nur reine Zuschlagstoffe (Kies und Sand) in zweckmäßiger Kornabstufung verwendet werden. Auch die Zusammensetzung und Menge der Mischung ist auf der Wickeltafel für jeden Mast vermerkt.

Es können auch Zuschläge anderer Art als Kies beigemischt werden, welche den Beton bei einer späteren steinmetzmäßigen Bearbeitung zu einer Art Kunststein machen, dessen Aussehen wertvoller als das des reinen Kiesbetons ist. Jedoch ist dies bei Freileitungsmasten kaum üblich, wohl aber bei anderen Verwendungsarten des Schleuderbetons, z. B. für städtische Beleuchtungszwecke.

Einfüllen. Die Betonspeise wird aus Fülltrichtern in die langsam darunter entlang gefahrene untere Formhälfte gefüllt (Abb. 35 hinten), unter entsprechender Verteilung über die ganze Länge. Die Endstellen des Mastes in der Form bilden dabei Rundholzscheiben, die mit Nägeln festgehalten werden. Sodann wird die obere Formhälfte als Deckel aufgelegt und verschraubt und die Form auf einem Rollgang in die Schleudermaschine eingefahren.

Schleudern. Die Schleudermaschine nach Otto & Schlosser besteht aus einer Anzahl gleicher, in Mitten-Abständen von 1,5—2,5, gleichachsig aufgestellter Böcke aus Eisenkonstruktion. Jeder Bock trägt zwischen 3 Rollenpaaren, die in radial verschiebbaren Kugellagern laufen, die Schleudertrommel aus Gußeisen oder Stahl. Diese hat heute in der Regel einen lichten Durchmesser von 750 mm oder mehr und ist auf der Außenseite mit 2 Laufringen versehen, mit denen sie zwischen den 3 Rollenpaaren frei läuft und im übrigen Teil außen als Riemenscheibe ausgebildet (Abb. 36). Die darauf laufenden Riemen kommen für alle Trommeln von einer gemeinsamen Transmissionswelle, so daß sie genau synchron laufen, die eingespannte Form also keinesfalls auf Verdrehung beansprucht wird. Dieses Arbeitsprinzip hat den Erfolg der Maschine wesentlich mitbegründet. Jede Trommel trägt im Inneren 2 Spannvorrichtungen, aus Gelenkhebeln und verstellbaren Ringen gebildet (auf Abb. 36 zu erkennen), die sich beim Anziehen einer Schnecke irisblendenartig schließen und auf diese Art die Form genau zentrisch festklemmen.

Die Maschine ist in Einzelheiten immer verbessert worden, im Prinzip aber seit den ersten Versuchsmaschinen, die zu dieser Lösung führten, unverändert geblieben.

Nach dem Einspannen der Form wird die Maschine in Bewegung gesetzt und die Drehzahl ziemlich rasch auf normalerweise etwa 400 Umdrehungen pro Minute gesteigert, wozu man sich in weiten Grenzen regelbarer Umformeraggregate (Leonard-Schaltung) bedient. Die Überwachung dieses Anlaufvorganges stellt neben dem regelrechten Verteilen der Masse beim Einfüllen die größten Ansprüche an die Erfahrung beim Schleuderprozeß. Ein regelrecht geschleuderter Mast zeigt ein durchaus homogenes Gefüge, mit nur einer leichten Zementanreicherung inder äußersten und innersten Schicht der Rohrwand. Die erstere rührt von der Zwischenlagerung der feinen Zementkörper zwischen die an der Formwand anstehenden Zuschlagkörper her, und ist als ausgezeichnete Verbesserung dieser Deckschicht, welche zudem unter dem ganzen Druck der Zentrifugalkraft der Masse erzeugt wird, sehr erwünscht, ja vermutlich der Grund für die erwiesenermaßen überlegene Haltbarkeit der Schleudermaste im Vergleich zu denen aus anderen Betonarten. Woher die zweite rührt, wird durch folgende Überlegung klar. Das Anmachewasser des Betons wandert beim Schleudervorgang zum größten Teil (erfahrungsgemäß mehr als $3/4$ davon) als der leichtere Bestandteil der Füllung nach dem innen sich bildenden Hohlraum. Es wird aus der Masse wie aus einem Schwamm herausgepreßt, so daß in ihr nur so viel bleibt als zum Abbinden nötig ist. Daß so viel darin bleibt, dafür muß durch Begrenzung der Schleudergeschwindigkeit genauestens gesorgt werden. Auf diesem Weg nun schwemmt das Wasser erstens alle leichteren Teile der Mischung, wie die etwaigen tonigen, erdigen oder staubigen Beimengungen der Zuschlagstoffe (vgl. S. 32), zweitens alle Luftblasen, die der zähe Beton stets aus der Mischmaschine her enthält, und endlich auch einen allerdings geringen Teil Zement mit heraus. Während also auf diese Art der entstehende Rohrkörper aus einer praktisch porenfreien stark komprimierten Masse besteht (der Druck

Abb. 36.

auf die Formwand beträgt mehrere Atmosphären) sammelt sich im Hohlraum die Flüssigkeit, die einen je nach der Art und Menge der herausgeschwemmten Verunreinigungen mehr oder weniger starken, bröckeligen bis krumigen Bodensatz enthält. Dieser lagert sich beim Trocknen segmentartig ab und ist in jedem neuen Schleudermast zu finden. Er stellt die Verunreinigungen dar, die in anderen Betonarten enthalten bleiben und ihre Festigkeit herabsetzen. Eine Hauptsache ist aber auch die Auspressung aller Luft- und Wasserporen, wie sie vor allem bei Gießbeton als sog. Wasserkanäle gefürchtet sind. Obwohl also der Schleuderbeton ziemlich flüssig angemacht wird, erhält er dennoch schon in der Form, also noch vor dem Abbinden, die Konsistenz und den Wassergehalt besten gestampften oder gepreßten Betons. Bekanntlich ist ein niedriger Wasserzementfaktor eine der Hauptbedingungen zur Erreichung hoher Betonfestigkeiten (vgl. Lit. 75).

Nach erreichter Höchstdrehzahl wird der Schleudervorgang noch etwa 10—15 Minuten fortgesetzt, um die Masse vollends auszupressen und sich setzen zu lassen, und dann läßt man die Maschine auslaufen. Nach Lösung der Spannvorrichtungen wird die Form auf einem zweiten Rollgang nach der entgegengesetzten Seite ausgefahren, vorsichtig abgehoben und nun erst 24 Stunden ruhig gelegt, um das Ende des vollen Abbindens der Masse in Ruhe abzuwarten. Sodann wird die Form geöffnet und der Mast herausgerollt. Die Form ist dann zur neuen Verwendung frei.

3. Erhärtung. Der eben abgebundene Betonmast fällt zwar nicht mehr auseinander, hat aber zunächst noch nicht eine genügende Festigkeit erreicht, die seinen Transport erlaubt. Den hierzu führenden, etwa 10—14 Tage (bei Spezialzement) dauernden Vorgang nennt man die Erhärtung des Betons. Der Mast wird hierzu in feuchtem Sand gelagert und dauernd, besonders im Sommer durch häufiges Besprengen feuchtgehalten. Auch vor Frost und Sonne ist er während dieser Zeit sorgfältig zu schützen, weshalb die Lagerung nur in geschlossenen Hallen geschehen kann. Die sachgemäße Behandlung des Betons während dieser Zeit ist ein weiterer sehr wichtiger Faktor zur Erzielung eines einwandfreien Fabrikates. Fehler in dieser Zeit lassen sich nie wieder gutmachen und verringern auf die Dauer die Festigkeit des Betons, ja gefährden unter Umständen seinen Charakter als Verbundelement durchaus.

Nach Verlauf dieser Zeit, welche im übrigen benützt wird, um Nacharbeiten (Glattstrich von Formunebenheiten, Beseitigung sichtbarer Formnähte usw.) auszuführen, ist der Mast transport- und verwendungsfähig. Abb. 37 zeigt Maste im Härteraum.

Die Herstellung der Traversen, Verbindungsstücke (bei geschleuderten Traversen und Doppelmasten), Mastkappen, Fundamentplatten usw. geschieht in der Regel im Stampf- oder Gießverfahren in der gleichen Art wie bei allen anderen Betonwaren. Gestampfte Teile können meist sofort nach der Herstellung entschalt werden (sie bleiben natürlich bis zum Abbinden am Platz liegen) und erfordern daher weniger Formenmaterial, während gegossene Teile länger in der Form bleiben müssen. Bei sorgfältiger, regelgemäßer Arbeit sind beide Verfahren gleich zuverlässig.

Längere Traversen werden meist wie die Maste selbst (rund oder profiliert) geschleudert und durch Kreuzstücke mit dem Mast verbunden.

Abb. 37.

So zeigen Abb. 17, 21, 25, 29 und das Titelbild geschleuderte, Abb. 15, 16, 20, 30 usw. gestampfte bzw. gegossene Traversen.

Eine allen Ansprüchen an wissenschaftliche Exaktheit genügende Methode für die statische Berechnung von Schleuderbetonmasten gibt es noch nicht. Hierin sind diese auf einer Stufe mit den meisten anderen Bauteilen aus Eisenbeton, wie ja überhaupt fast alle Berechnungen der Betontheorie von nur teilweise fest begründeten Annahmen ausgehen müssen, und im praktischen Rechnungsgang nur ein mehrfaches Probieren unter Zurückgreifen auf Versuchsergebnisse an anderen Elementen der gleichen Art zum Ziele führt. Die Rechnungsmethoden haben jedoch praktisch bisher allen Ansprüchen an Sicherheit genügt.

Bei den deutschen, Schleuderbeton herstellenden Werken ist heute die im folgenden kurz dargestellte Methode für die Berechnung der Biegespannungen üblich und bewährt.

Zunächst wird der Gesamtquerschnitt der Längsarmierung unter der Annahme ermittelt, daß diese nicht aus einzelnen Stäben bestehe, sondern gleichmäßig als Ring vom Durchmesser des Teilkreises der Stäbe über den ganzen Umfang des Betonquerschnittes verteilt sei (sog. Blechmantel-Methode). Sodann wird dieser Gesamtquerschnitt nach praktischen Gesichtspunkten in eine entsprechende Anzahl Stäbe aufgeteilt. Endlich wird, meist nach dem graphischen Verfahren von Mörsch (Lit. 67) die tatsächliche Lage der neutralen Schicht des Querschnitts (Null-Linie der Zug- und Druckbeanspruchungen) unter der Annahme ermittelt, daß der Beton keine Zugbeanspruchungen aufnimmt. Nach der Lage dieser Null-Linie werden dann die in der stärkst beanspruchten Faser auftretenden Zug(Stahl-) bzw. Druck(Beton-)Spannungen errechnet und unter Berücksichtigung der geforderten Sicherheitskoeffizienten mit den zulässigen Spannungen verglichen. Ergeben sich unzulässige Werte, so muß die Rechnung für andere Verhältnisse wiederholt werden.

Diese Berechnung muß mindestens für den Querschnitt des größten Biegemomentes, am Erdaustritt, nach Erfordernis aber auch für mehrere weiter oberhalb liegende Querschnitte durchgeführt werden, denen ja infolge der Verjüngung und des stufenweisen Abbrechens einzelner Armierungsstäbe einerseits nicht dieselben Widerstandsmomente, andererseits auch nicht dieselben Biegemomente zukommen. Die praktische Erfahrung ergibt bald, für wie viele und für welche Querschnitte es notwendig ist, die Rechnung durchzuführen.

Ein praktisches Beispiel möge den Rechnungsgang näher erläutern.

Es sei ein Mast für 800 kg Netto-Spitzenzug und eine freie Länge von 15 m zu berechnen. Zunächst ist zu bedenken, daß außer dem Spitzenzug auch noch der Winddruck auf den Mast und seine Traversen wirkt. Um diesen zu bestimmen, müßte der Durchmesser des Mastes schon bekannt sein. Auch für den Ansatz der Rechnung der »Blechmantel-Dicke« müßte dies der Fall sein. Eine ganz voraussetzungslose Rechnung wäre also auf probeweise Annahmen angewiesen, die erst nach mehrfacher Wiederholung der Rechnung zum Ziel führten. In der Praxis benützt man Tabellen, die nach der großen Zahl der bereits ausgeführten Maste den Durchmesser vorläufig anzunehmen gestatten, welcher die Rechnung voraussichtlich am nächsten an das Ziel heranführt. Eine solche Tabelle zeigt Abb. 38, in der für verschiedene Spitzenzüge die Zopfstärken (Spitzendurchmesser) der Maste in Abhängigkeit von deren Länge dargestellt sind, bei denen sich die für die Ausführung günstigsten Verhältnisse erfahrungsgemäß ergeben. Aus der Tabelle entnehmen wir den Zopfdurchmesser für das Beispiel, indem wir vorläufig einmal den runden Betrag von 200 kg zusätzlichen Spitzenzug für den Winddruck zuschlagen, zu 270 mm. In der Einspannstelle ergibt sich daher bei der üblichen Verjüngung von 15 mm pro lfd. m ein Durchmesser von

$$270 + 15 \cdot 15 = 495 \text{ mm}.$$

Nun kann zunächst die wirkliche Größe des vorläufig angenommenen Winddruckes kontrolliert werden. Nach den VDE-Vorschriften ist für Bauteile mit Kreisquerschnitt der Winddruck zu 50% der senkrecht vom Wind getroffenen Projektionsfläche einzusetzen[1]).

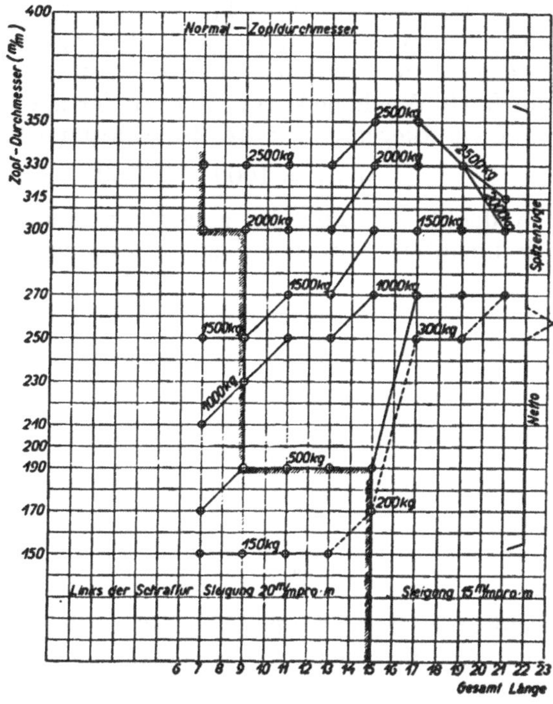

Abb. 38.

Die Projektionsfläche ist

$$\frac{(0,27 + 0,495)}{2} \cdot 15 =$$
$$= 5,75 \text{ m}^2.$$

Der Winddruck ist normalerweise (VDE-Vorschriften) mit 125 kg/m², in sturmreichen Gegenden natürlich entsprechend höher, anzunehmen und nach obigem die Hälfte davon einzusetzen, wonach sich der Winddruck ergibt zu

$$0,5 \cdot 125 \cdot 5,75 = 360 \text{ kg}.$$

Diese Last ist im Schwerpunkt der Fläche angreifend zu denken. Da dieser in einer Höhe von

$$\frac{2 \cdot 0,27 + 0,495}{(0,27 + 0,495) \cdot 3} \cdot 15 = 6,75 \text{ m}.$$

liegt, ergibt sich der auf die Spitze reduzierte (in Spitzenzug umgewertete) Winddruck zu

$$360 \cdot \frac{6,75}{15} = 162 \text{ kg}.$$

[1]) Bei Durchmessern bis 500 mm, darüber hinaus mehr (vgl. S. 68).

In der Praxis ist es üblich, den auf die Spitze reduzierten Winddruck aus einem Kurvenblatt zu entnehmen, um die langwierige Rechnung zu ersparen.

Mit Rücksicht auf den zusätzlichen, auf die Traversen, Isolatoren usw. wirkenden Winddruck, dessen genaue Ermittlung bei der Rechnung zu empfehlen ist, ist der oben angenommene Betrag von 200 kg ausreichend und die Rechnung kann mit einem Gesamtspitzenzug einschließlich Winddruck von 1000 kg fortgesetzt werden. Es ergibt sich damit ein Biegemoment an der Einspannstelle von

$$M_{max} = 1000 \cdot 15 \cdot 100 = 1\,500\,000 \text{ cmkg}.$$

Man denkt sich nun die gesamte Stahlarmierung (Abb. 39) in einen »Blechmantel« von noch zu bestimmendem Durchmesser d_m und

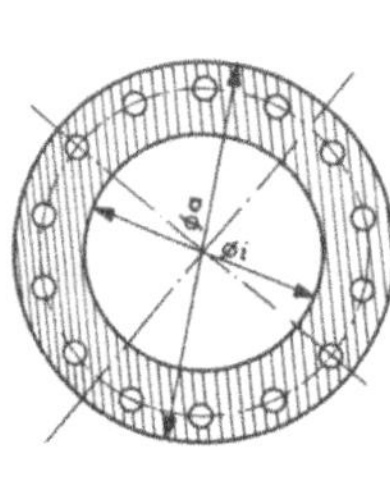

Abb. 39.

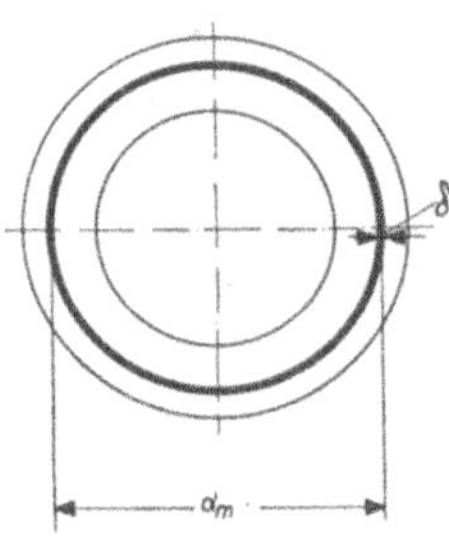

Abb. 40.

Wandstärke δ vereinigt (Abb. 40). Für den Mast werde eine 3fache Bruchsicherheit gefordert. Da die Bruchbeanspruchung nicht vom Stahl allein, sondern zu einem Teil auch vom Beton aufgenommen wird, ist für den Stahl für sich betrachtet, keine 3fache, sondern nur eine geringere Sicherheit erforderlich, wenn man für ihn das ganze Bruchmoment in die Gleichung einsetzt. Über das Verhältnis dieser beiden Sicherheiten (des Verbundquerschnittes k und im Stahl allein $\varkappa$) liegen Erfahrungszahlen von ausgeführten Masten vor. Zum Beispiel ist für den vorliegenden Fall bei $k = 3$ der Wert $\varkappa = 2{,}8$. Bei einer Bruchzugfestigkeit des SM-Stahles von 7000 kg/cm² ist nach der statischen Grundgleichung das erforderliche Widerstandsmoment des Stahlquerschnittes

$$W_{erf} = \frac{M_{max} \cdot \varkappa}{\sigma_{st}} = \frac{1\,500\,000 \cdot 2{,}8}{7000} = 600 \text{ cm}^3,$$

andererseits ist es[1])

$$W \approx 0{,}8\, d_m{}^2 \cdot \delta,$$

wenn $\delta : d_m$ sehr klein ist.

[1] Vgl. Hütte, S. 597, 23. Auflage.

Über den Durchmesser d_m ist nun eine weitere Annahme nach dem Teilkreis zu machen, auf den die Armierungseisen später im Querschnitt zu liegen kommen.

Es möge angenommen werden, daß Stäbe von 20 mm Durchmesser gewählt werden, so ergibt sich der Durchmesser des Teilkreises durch folgende Subtraktion (vgl. Abb. 41):

Durchmesser des Mastes . . 495 mm
davon ab:
1. Betondeckschicht von 2 mal je 10 mm Stärke . . . . . 20 »
2. Durchmesser der 4 Drähte der zwei äußeren Spiralen von je 4 mm . . . . 16 »
3. 2 halbe Durchmesser der Armierungseisenhälften bis zu deren Mitte . . . . . 20 »

Teilkreisdurchmesser . . . . 439 mm = 43,9 cm. Somit errechnet sich die erforderliche Dicke des Blechmantels in cm

$$\delta = \frac{600}{0{,}8 \cdot 43{,}9^2} = 0{,}39 \text{ cm}.$$

Daraus der erforderliche Gesamt-Stahlquerschnitt zu

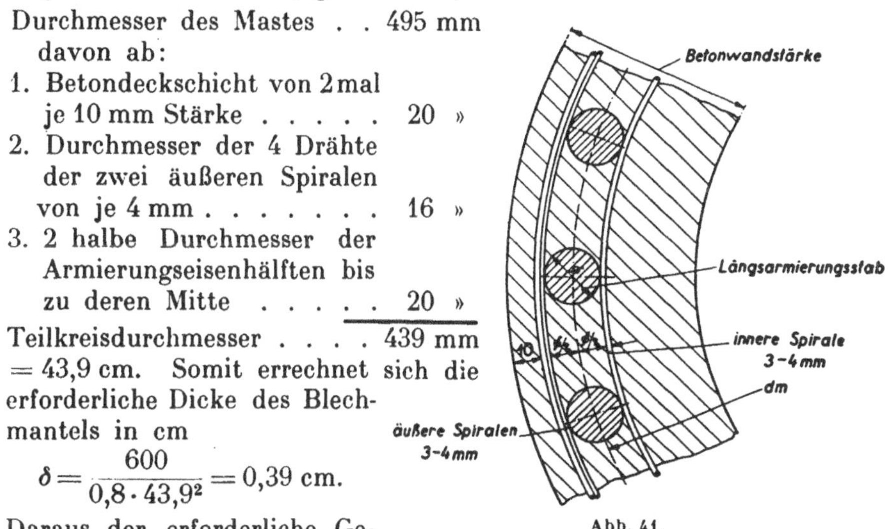

Abb. 41.

$$F_{st} = d_m \cdot \pi \cdot \delta = 53{,}8 \text{ cm}^2,$$

was nun auf eine entsprechende Anzahl von Stäben zu verteilen ist.

Die Verteilung auf Stäbe von wie angenommen 20 mm Durchm. = 3,142 cm² Querschnitt würde

$$\frac{53{,}8}{3{,}142} = \text{rd. } 17 \text{ Stück.}$$

ergeben, eine ungerade, für die Ausführung unbequeme Zahl. Man wird also etwa vorziehen, die Teilung wie folgt vorzunehmen:

4 Stäbe von 18 mm Durchm.	à 2,545 cm²	=	10,18 cm²
14 » » 20 » »	à 3,142 »	=	43,99 »
	zusammen		54,17 cm²,

die etwa gemäß Abb. 42 anzuordnen wären.

Für die Stärke des Betonringes gilt folgende Überlegung: An der Mastspitze muß die Überdeckung der Vorschrift entsprechend innen wie außen 1 cm über den Armierungsspiralen betragen. Am Fuß ist sie auf der Außenseite des Gerippes ebenso groß; auf der Innenseite jedoch deshalb größer, weil die Wandstärke im Mast von der Spitze gleichmäßig zunimmt, und zwar erfahrungsgemäß etwa um 2 mm pro lfd. m. Dies ergibt an der Spitze eine Wandstärke von 52 abgerundet 55 mm und an dem hier betrachteten Erdaustritts-Querschnitt 55 + (15 · 2) = 85 mm. Während also die Längsstäbe der Armierung überall den gleichen, nämlich den kleinst möglichen Abstand von der Außenoberfläche haben, um ein größtmögliches Widerstandsmoment zu ergeben, nimmt die innere Überdeckung von oben nach unten zu, womit sich ein innerer Durchmesser am Erdaustritt von

$$495 - 2 \cdot 85 = 325 \text{ mm}$$

ergibt. Die Stäbe liegen also in

$$\frac{28}{85} = \text{rd. } {}^1/_3$$

der Wanddicke, von außen her gemessen, entsprechend der obigen Anforderung, sie möglichst in die Zugzone zu setzen.

Die Zulässigkeit dieser Stärke und Anordnung der Armierung, für deren Ermittlung die bisherige Rechnung mehr eine grobe Annäherung war, ist nun noch mit Hilfe der graphischen Ermittlung zu prüfen, die in Abb. 42 durchgeführt ist. Der Betonquerschnitt wird hierzu auf der angenommenen Druckseite der Biegungsbeanspruchung in eine Anzahl Elemente zerlegt (I, II usw.) und diese ebenso wie die einzelnen den Stahlstäben auf der Zug- und Druckseite entsprechenden Flächenelemente (1,2 usw.) ausgemessen, wobei sich ergibt (Berücksichtigung des Maßstabes der Figur!):

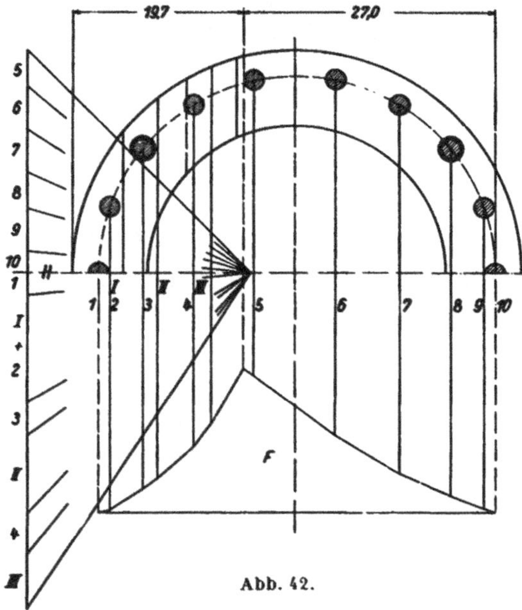

Abb. 42.

Betonquerschnitte:

I = 73 cm²,
II = 90 »
III = 60 »

Eisenquerschnitte:

1 und 10 = je ½ · 20 Durchm. = 1,571 cm², einzusetzen mit 23,55 cm²
2,4 bis 7 u. 9 = je 20 » = 3,142 » , » » 47,1 »
3 und 8 = je 18 » = 2,545 » , » » 38,2 »

Die Eisenquerschnitte sind nach dem in der Eisenbetontheorie allgemein angenommenen Verfahren zu dieser Ermittlung des Trägheitsmomentes und der Null-Linie mit dem $n = 15$fachen ihres wirklichen Flächenwertes einzusetzen. Dies ergibt sich aus dem Verhältnis der Elastizitätszahlen der beiden Stoffe Eisen und Beton

$$n = \frac{2100000}{140000} = 15$$

(Lit. 2, S. 103 ff.), eine in den Betonvorschriften im übrigen ein für allemal festgelegte Zahl, weswegen es sich erübrigt, an dieser Stelle ihre, für Schleuderbeton unter Umständen als zu ungünstig anzuzweifelnde Größe, Untersuchungen anzustellen (vgl. Lit. 17).

Mit den so ermittelten Flächen als »Kräften« und ihren Abständen als »Hebelarmen« wird nun in bekannter Weise ein »Kräfteplan« (Abb. 42 links) und ein Seilpolygon (Abb. 42 unten) gezeichnet. Am Schnittpunkt der beiden letzten Seillinien ergibt sich die Lage der Null-Linie. Die Erwägung bei diesem Vorgang ist die, daß die links von der Null-Linie gelegenen Beton- und Stahlquerschnitte die Druck- und die rechts von ihr liegenden Stahl- (unter Fortlassung der Beton-)Querschnitte die Zugspannungen aufnehmen, die Lage der Null-Linie also dort ist, wo unter Berücksichtigung ihres »Gewichtes« und ihres Abstandes von ihr, die Querschnitte links und rechts gleiche Beiträge zum Trägheitsmoment liefern. Die Annahme des Polabstandes H des Kräfteplanes ist willkürlich und richtet sich nur danach, bequeme Verhältnisse für die Zeichnung zu bekommen. Hier wurden 50 mm, das sind im Flächenmaßstab der Figur 250 cm² gewählt.

Die von dem Seilpolygon eingeschlossene Fläche F wird nun planimetriert und zu 275 cm² ermittelt. Daraus ergibt sich in bekannter Weise das Trägheitsmoment des Gesamtquerschnitts zu

$$J = 2 \cdot 2 \cdot H \cdot F = 275000 \text{ cm}^4$$

und durch Ausmessen der Abstand der Null-Linie

von der stärkst beanspruchten, äußersten gedrückten Betonfaser . . . . $x_b = 19{,}7$ cm

von der stärkst beanspruchten, äußersten gezogenen Stahlfaser . . . . $x_{st} = 27$ »

Nun lassen sich die größten, vorkommenden Materialspannungen nach bekannten Formeln errechnen. Für den Beton ergibt sich die größte vorkommende Druckspannung (linke Faser)

$$\sigma_b = \frac{M_{max} \cdot x_b}{J} = \frac{1500000 \cdot 19{,}7}{275000} = 107{,}5 \text{ kg/cm}^2,$$

für den Stahl entsprechend die größte vorkommende Zugspannung (rechte Faser)

$$\sigma_{st} = \frac{n \cdot M_{\max} \cdot x_{st}}{J} = \frac{15 \cdot 1500000 \cdot 27}{275000} = 2210 \text{ kg/cm}^2.$$

Für den Beton, der bei Schleuderherstellung Würfelfestigkeiten (nach 28 Tagen) von 500 — 600 kg/cm² erreicht, ist die Sicherheit mindestens 5fach. Jedoch kann aus den genannten Gründen eine Verminderung des Betonquerschnittes, die hiernach an sich möglich wäre, nicht gutgeheißen werden.

Für den Stahl ist die Sicherheit:

$$\frac{7000}{2210} = \text{rd. } 3{,}18 \text{fach},$$

also ebenfalls noch um etwa 27% größer als gefordert und damit reichlich genügend.

Gewöhnlich werden am Ende noch die beiden folgenden Kontrollzahlen festgestellt.

Prozentsatz der von der Armierung eingenommenen Querschnittsfläche, bezogen auf die Gesamtquerschnittsfläche

$$\varphi = 100 \cdot \frac{54{,}17}{1094} = \text{rd. } 5\,\%.$$

Verhältnis des (größten) Stabdurchmessers zum benachbarten lichten Stababstand

$$\gamma = 20 : \left(\frac{d_m \cdot \pi}{18} - 20\right) = 1 : 2{,}8.$$

Der Faktor φ ergibt die in allen Betonrechnungen übliche Kontrolle darüber, ob der Beton nicht verhältnismäßig zu stark armiert ist, was bei der Herstellung zu Schwierigkeiten führt, und die Verbundwirkung nachteilig beeinflußt (vgl. S. 40). Er soll 10% nicht überschreiten; der obige Wert ist bei Schleudermasten als zulässig erprobt.

Der Faktor γ läßt erkennen, ob die Armierungsstäbe nicht zu dicht aneinander liegen, wodurch unter Umständen Schwierigkeiten beim Schleudern entstehen können, indem die Mörtelmasse durch das Armierungsgerippe am Ausbreiten nach außen gehindert werden könnte. Obiger Faktor ist von ausreichender Größe, er schwankt zwischen 1 und 5.

Diese ganze Rechnung muß, wenn die letzten Ergebnisse nicht zufriedenstellend sind, unter anderen Annahmen und auch für weiter oben liegende Querschnitte wiederholt werden, bis das Ergebnis befriedigt. Sodann kann nach der festgelegten Armierung die Wickeltafel (Abb. 32) festgelegt werden.

Es sei hier noch darauf aufmerksam gemacht, daß an manchen Stellen auch andere Rechnungsarten üblich sind. So ist z. B. in Italien eine der obigen ähnliche Rechnung in Gebrauch, bei welcher jedoch die wirkliche Lage der Null-Linie nicht graphisch ermittelt wird, sondern die (nicht zutreffende) Annahme gemacht wird, daß sie mit der Mittellinie des Querschnittes übereinstimmt. Durch entsprechende Einsetzung der Sicherheitsfaktoren will man erreichen können, daß diese Ungenauigkeit trotzdem praktisch nicht zu Unzuträglichkeiten führt. Es scheint den Verfassern jedoch, daß die oben angeführte Rechnung, welche immerhin noch genügend willkürliche Annahmen enthält, vorzuziehen ist, wenn man nicht unter gewissen Verhältnissen Überraschungen erleben will. Die andere Methode war bis zur Einführung der besseren Mörschschen übrigens auch in Deutschland in Gebrauch.

Es könnte bei diesem umständlichen Rechnungsgang zweckmäßig erscheinen, wenn die Rechnung durch ein für allemal aufgestellte Tabellen erleichtert würde. In den Vereinigten Staaten ist diese Arbeit allgemein für Betonmaste durchgeführt worden (Lit. 60) und enthält unter anderem auch Tabellen für Kreisringquerschnitte. Ihre Anwendung für deutsche Verhältnisse ist jedoch der verschiedenen Maßeinheiten wegen nicht ohne weiteres einfach und die Tabellen reichen auch für die bei Schleuderbetonmasten heute üblichen Festigkeitswerte nicht aus. In Deutschland sind ähnliche Arbeiten bisher leider nicht unternommen worden. Es existiert wohl eine Dissertation, welche sich mit der Berechnung des Querschnitts kreisringförmiger Maste befaßt (Lit. 59). Sie ist jedoch für die praktische Anwendung nicht einfach genug.

Die in Lit. 61 beschriebene vereinfachte Berechnungsmethode für Betonmaste bezieht sich wohl hauptsächlich auf massive Körper und ist daher für Schleuderbetonmaste kaum anzuwenden.

So durchgebildet die Berechnungsmethoden für den Fall der Biegungsbeanspruchung sind, so wenig war man sich über die Berechnungen der Schleuderbetonmaste auf Torsion im klaren. Torsionsbeanspruchungen kommen im Eisenbetonbau sonst kaum vor und dies erklärt wohl die Tatsache, daß sich die Theorie mit ihnen kaum befaßt hat. Man weiß, daß die Hauptspannungen in diesem Falle unter 45° verlaufen. Zur Aufnahme dieser Spannungen muß, wenn die Betonbeanspruchung über den zulässigen Wert von $\tau = 6$ kg/cm² hinausgeht, die Eisenarmierung herangezogen werden. Es gibt 2 grundsätzliche Armierungsarten für diesen Fall, und zwar:

1. die Bügelarmierung,
2. die Spiralarmierung.

Bei der ersten Art besteht die Bewehrung aus Längsstäben und senkrecht dazu angeordneten Ringen. Im zweiten Fall werden nur Drahtspiralen verlegt, die unter 45° geneigt sind. Da der Betonmast nicht nur Torsion, sondern hauptsächlich auch Biegung aufnehmen muß, ist eine Kombination aus beiden Armierungsarten vorgesehen, die so durchgebildet sind, daß sowohl Längsstäbe als auch Spiralen, die jedoch unter einem kleineren Winkel geneigt sind, vorhanden sind. Wenn nun eine Spiralarmierung in dieser Sonderausführung vorliegt, kann sie nur dann als richtig angesehen werden, wenn zwei gegensinnig gewickelte Drahtlagen vorhanden sind, da der Mast sonst nur ein in bestimmter Richtung auftretendes Moment aufnehmen kann. Da aber der Drehsinn des Moments bei Fernleitungsmasten nicht vorausbestimmt werden kann (es kann das Seil sowohl links, als auch rechts von der Traverse reißen), sind die mit einer Spirale ausgerüsteten Maste für den Fernleitungsbau vollkommen unbrauchbar, da sie praktisch als gegen Torsion unbewehrt angesehen werden müssen. Von dieser Überlegung ausgehend, hat auch die Reichsbahn für Lieferungen an ihre Dienststellen und für Überkreuzungen der Schienenwege den mit 2 Spiralen armierten Mast vorgeschrieben. Man muß deshalb, wenn man nicht unangenehme Überraschungen erleben will, dieselben Bedingungen an die Armierung, wie die Reichsbahn stellen.

Da der unarmierte Beton Zugspannungen bis 6 kg/cm² aufnehmen kann, ist vor allem nachzuprüfen, ob dieser Wert für einen bestimmten Fall überschritten wird. Diese Kontrolle kann mit der Formel

$$\tau_d = \frac{16\,M}{\pi\,d^3} < 6\ \text{kg/cm}^2$$

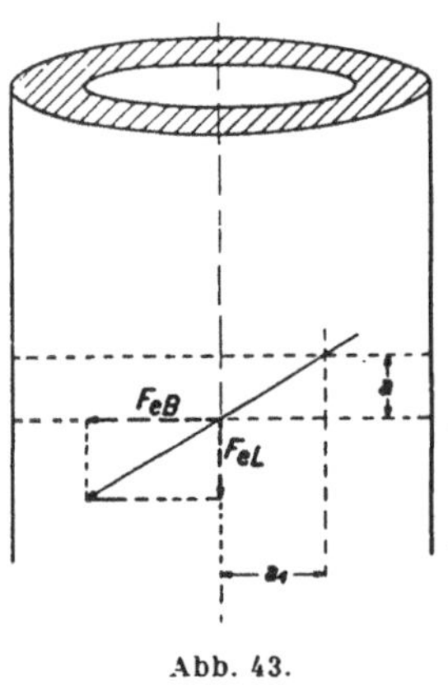

Abb. 43.

durchgeführt werden in der bedeuten: M = Torsionsmoment der äußeren Kräfte in kgcm, d = mittlerer Durchmesser des Betonringes in cm und τ_d = zulässige Betonzugspannung in kg/cm².

Erst wenn dieser Wert überschritten wird, müssen Armierungseisen vorgesehen werden. Da, wie bereits oben erwähnt, die Schubspannungen unter 45° wirken, wird die Spiralarmierung zur Aufnahme dieser Kräfte besser geeignet sein als die Bügelbewehrung. Es ergibt sich auch ein um $\frac{1}{\sqrt{2}}$ kleinerer Eisenquerschnitt (Abb. 43). Für die Berechnung der Eisenarmierungen gelten folgende Formeln:

1. Bügelbewehrung:

Der Querschnitt eines Längsstabes oder eines Bügels für den Fall, daß die Teilung gleich ist,

$$F_{eB} = \frac{M \cdot a}{2 \cdot \sigma_e \cdot F}.$$

M = Moment der äußeren Kräfte (kgcm),
a = Teilung der Stäbe am Umfang (cm),
σ_e = zulässige Beanspruchung des Eisens (kg/cm²),
F = die vom Bewehrungszylinder umschlossene Betonfläche (cm²).

Es ist natürlich auch möglich, die Bügel näher zusammenzurücken; dann ergibt sich ein der kleineren Teilung entsprechender kleinerer Eisenquerschnitt. Im allgemeinen kann gesagt werden, daß dünnere Bügel, die enger liegen, besser die Torsion aufnehmen, als weitmaschig verlegte Ringe. Das erforderliche Eisenvolumen für die Längsarmierung pro Längeneinheit ist demnach

$$V = \frac{U}{a} \cdot \frac{M \cdot a}{2 \cdot \sigma_e \cdot F} = \frac{U \cdot M}{2 \cdot \sigma_e \cdot F}$$

und das gesamte Eisenvolumen pro Längeneinheit

$$V_{\text{tot}} = \frac{U \cdot M}{\sigma_e \cdot F}.$$

U = der Umfang des Teilkreises, auf dem die Längsarmierung angeordnet ist (cm).

2. Spiralbewegung:

Der Querschnitt einer Spirale ist

$$F_{es} = \frac{M \cdot a}{2 \cdot \sqrt{2} \cdot \sigma_e \cdot F}.$$

Der gesamte Eisenquerschnitt

$$V = \frac{U \cdot M}{2 \cdot \sqrt{2} \cdot \sigma_e \cdot F}$$

und das erforderliche Eisenvolumen pro Längeneinheit

$$V_{\text{tot}} = \frac{U \cdot M}{2 \cdot \sigma_e \cdot F},$$

demnach halb so groß, wie das für die Bügelbewehrung. Dieses Eisenvolumen gilt natürlich nur für eine der beiden gegensinnig angeordneten Spiralen. Es ist demnach praktisch die doppelte Eisenmenge aufzuwenden, wenn die Maste allen Anforderungen, die der Fernleitungsbau an sie stellt, gerecht werden sollen. Für die praktisch gewählte Armierung gelten für den Querschnitt einer Spirale bzw. eines Längsstabes (Abb. 44)

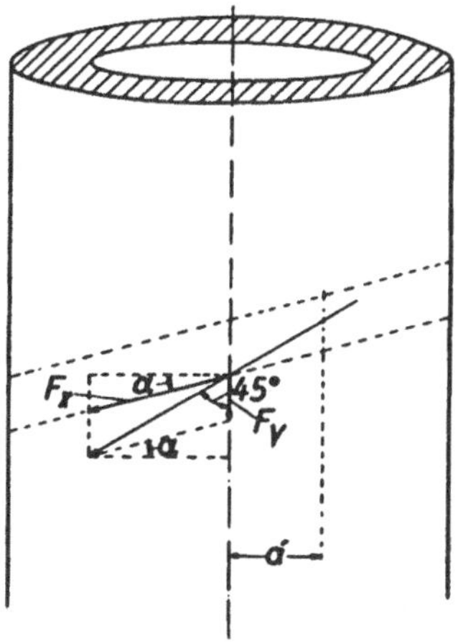

Abb. 44.

$$F_x = \frac{M \cdot a}{2 \cdot \sigma_e \cdot F \cdot \cos\alpha}$$

$$F_v = \frac{M \cdot a'}{2 \cdot \sigma_e \cdot F} = \frac{M \cdot a \cdot \operatorname{tg}\alpha}{2 \cdot \sigma_e \cdot F}.$$

Das erforderliche Eisenvolumen für die Spiralarmierung pro Längeneinheit

$$V_s = \frac{U \cdot M}{2 \cdot \sigma_e \cdot F}$$

und für die Längseisen:

$$V_l = \frac{U \cdot M}{2 \cdot \sigma_e \cdot F \cdot a'} \quad (a' - a \cdot \operatorname{tg} \alpha)$$

und das Gesamtvolumen pro Längeneinheit

$$V_{\text{tot}} = \frac{U \cdot M}{2 \cdot \sigma_e \cdot F} \left(2 - \frac{a}{a'} \cdot \operatorname{tg} \alpha\right).$$

Mit diesen Formeln ist es ohne weiteres möglich, nachzuprüfen, ob die gewählte Armierung den auftretenden Beanspruchungen gewachsen ist. Es ist dabei, wie bereits oben erwähnt, zu beachten, daß vom Beton ein bestimmter Teil des Drehmomentes aufgenommen wird.

Die Teilung der Längsstäbe ist durch die Biegungsbeanspruchungen nach den vorhergegangenen Berechnungen ohnehin schon bestimmt. Die Spiralarmierung wird praktisch so verlegt, daß der Abstand der Spiralen, in der Richtung der Längsstäbe gemessen, 5—8 cm ist. Wenn man nun in der obigen Rechnung, welche die eigentliche Verbundwirkung nicht berücksichtigt, sondern die Torsionskräfte einfach auf Beton und Eisen verteilt, für den Beton (gemäß den VDE-Vorschriften, vgl. S. 65) eine Zugspannung von $\tau = 6$ kg/cm² zuläßt, so muß doch darauf hingewiesen werden, daß damit eine fast übermäßig große Sicherheit gegen Torsion geschaffen wird. Die besondere Güte des Schleuderbetons würde weit höhere Werte für τ zulassen. Die Nachrechnung durchgeführter Torsionsversuche hat für den Beton nach Abzug der vom Eisen aufgenommenen Anteile Werte von einem Vielfachen dieser Ziffer, z. T. bis zu 60 kg/cm² ergeben, die teilweise der erwähnten hohen Schubfestigkeit des Schleuderbetons, teilweise der bei der Rechnung nicht erfaßbaren Verbundwirkung zugeschrieben werden müssen. Auch die praktischen Erfahrungen bestätigen die Überzeugung, daß die Torsionsfestigkeit der Schleudermaste noch weit höher liegt, als man nach der obigen Rechnung unter Einsetzung der zugelassenen Festigkeitsziffern annehmen darf. Es ist in der Tat noch niemals vorgekommen, daß Schleudermaste bei einseitigem Leitungsbruch den auftretenden Torsionskräften nicht gewachsen waren (über die Berechnung des Eisenbetons auf Verdrehungen siehe auch Lit. 67a).

Über die Berechnung der Traversen braucht an dieser Stelle nichts Näheres ausgeführt werden, da es sich hier um durchaus normale Eisenbeton-Berechnungen handelt, die in jedem Lehrbuch des Eisenbetonbaues zu finden sind (vgl. Lit. 1, 2 u. a.). Die aufzunehmenden horizontalen und vertikalen Belastungen liegen eindeutig fest und der Rechnungsvorgang ist gewöhnlich der, daß ihre Zulässigkeit für die konstruktiv vorläufig festgelegten Querschnitte und Armierungen in einigen ausgezeichneten oder besonders gefährdeten Querschnitten nachgerechnet wird. Als solche wählt man gewöhnlich die in Abb. 45 mit *a*, *b*, *c* bezeichneten bei Traversen der dargestellten Form. Bei Traversen von rechteckigem Querschnitt genügen 2 Querschnitte, nämlich im Rechteck unmittelbar neben der Muffe und in der Muffe selbst.

Die Prüfung der Festigkeit von Schleuderbetonmasten ist Gegenstand zahlreicher Arbeiten gewesen. Eine große Anzahl von Untersuchungen stammt insbesondere von Prof. M. Foerster, Dresden

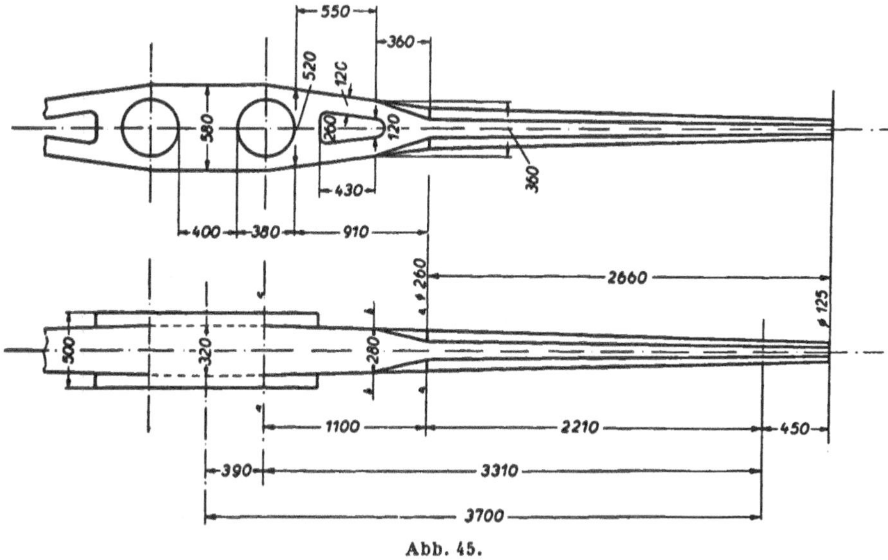

Abb. 45.

(Lit. 17, 18, 21 ff.) und umfaßt vorwiegend Biegeversuche, auf Grund deren die Berechnungsmethoden seinerzeit entwickelt werden konnten.

Biegeversuche können entweder am stehend eingegrabenen oder am liegend eingespannten Mast vorgenommen werden. Die erstgenannte Anordnung entspricht zwar der Wirklichkeit besser, läßt sich jedoch richtig nur durchführen, wenn man die Spitzenzugkraft horizontal angreifen läßt. Der Angriff durch ein schräg nach dem Boden zu gespanntes Seil würde den wirklichen Verhältnissen zu sehr widersprechen und alle Umrechnungen mittels Kräfteparallelogramm vermögen mit diesem Mißstand nicht ganz zu versöhnen. Wenn man also nicht die Möglichkeit hat, die ganzen Vorrichtungen zum Kraftangriff in die Höhe der Spitze des Mastes zu verlegen, bleibt nichts übrig, als den

Spitzenzug durch eine Umlenkrolle in eine Vertikalkraft zu verwandeln. In beiden Fällen sind umständliche Gerüste, Hilfsmaste u. dgl. nicht zu umgehen. Daher hat sich heute fast allgemein die Prüfung am horizontal eingespannten Mast durchgesetzt. Abb. 46 zeigt einen derart eingespannten Mast während der Prüfung. Das aus hartem Holz gebildete, der Querschnittsform des Mastes sich anschmiegende Futter wird mittels Spannschrauben-Vorrichtungen gehalten. Man kann statt der letzteren das Fußende des Mastes auch samt dem Holzfutter am Fundamente oder sonstige Gebäudeteile durch Stahlschellen befestigen. Das freie Mastende ruht dabei an einer oder mehreren Stellen mittels Rollen auf einer Gleitbahn, damit sein Eigengewicht bei der Belastung ausgeschaltet (sekundäre Verbiegungen) und dem Angriff der Probebelastung kein Reibungswiderstand entgegengesetzt wird.

Abb. 46.

Der Angriff des Spitzenzuges erfolgte bei den späteren Versuchen von Prof. Foerster durch eine hydraulische Presse, deren Kolben mit Hilfe eines zweiten Holzfutters am Kopfende des Mastes genau senkrecht zur Stabachse angriff. Der Druck auf den Kolben ergibt durch Umrechnung unmittelbar die Spitzenlast. Heute bedient man sich meist der einfacheren Vorrichtung, die Spitze des Mastes durch Seil- oder Kettenzug mit eingebautem Flaschenzug und Dynamometer zu belasten, was bei entsprechend zuverlässiger Eichung des Dynamometers ebenso genau ist.

Die Versuche auf Biegung dienen folgenden Zwecken:

1. Feststellung des elastischen Verhaltens des Mastes bei steigenden Spitzenzügen.
2. Feststellung des Biegemomentes, bei welchem der Verbund zerstört wird (Auftreten bleibender Formänderungen, Bruchmoment).

Zur Feststellung des elastischen Verhaltens werden meistens an der Spitze, bei genauen Versuchen aber an einer größeren Zahl von über die Länge des Mastes verteilten Stellen, Marken angebracht, deren Verschiebung gegenüber ihrer Lage beim unbelasteten Mast festgestellt wird. Dies geschieht entweder durch feststehende Skalen, an denen die Marken gleiten, durch Rollenapparate (Martens) oder auch mittels Visiervorrichtung und Skala (Fernrohrablesung bei genauen Versuchen).

Das Ergebnis eines solchen Versuches zeigt Abb. 47 (vgl. Lit. 24). Für jede Stelle sind darin die Abbiegungen in Abhängigkeit vom Spitzenzug dargestellt und durch Verbindung der Punkte, welche gleichem Spitzenzug entsprechen, die elastischen Linien gezeichnet. (Der Maßstab der Ausbiegungen und der Mastlänge ist natürlich verschieden.)

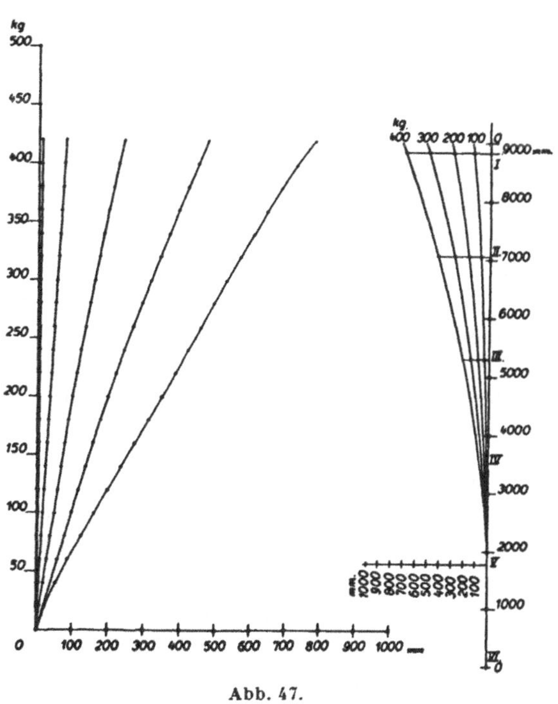

Abb. 47.

Die gleichmäßige nicht gebrochene Form der elastischen Linien zeigt, daß der Mast richtig als Körper gleicher Festigkeit armiert ist.

Während der Aufnahme der Abbiegungen muß der Mast genau beobachtet und das Auftreten von Rissen festgestellt werden. Nach dem Auftreten der ersten Risse, zweckmäßig aber überhaupt nach jeder Laststufe, wird der Mast bis auf Null entlastet, um zu sehen, ob er in die anfängliche Stellung zurückkehrt. Dies hält auch nach dem Auftreten der ersten feinen Risse noch an, solange als die Streckgrenze des Eisens auf der Zugseite nicht überschritten wurde, weil die Risse beim Aufhören der Last sich wieder vollkommen schließen, solange der Verbund unzerstört geblieben ist. Die bleibende Formänderung des Mastes ist dabei äußerst gering (Spitzenabbiegung wenige Promille). Sobald aber die ersten Risse auftreten, welche sich nicht wieder schließen, ist daraus die Folgerung zu ziehen, daß das Eisen sich gestreckt hat und der Verbund sich zu lockern beginnt. Ganz geringe Lastvergrößerungen bringen nun beliebig große Formänderungen hervor, welche zum

Abspringen größerer Betonstücke und Freilegen der Armierung führen. Ein vollständiges Abbrechen des Mastes, welches einem Umfallen in der Praxis entsprechen würde, ist meist nicht zu erreichen, und auch dies wird oft als ein Vorzug der Schleudermaste gelobt. Es ist sogar meist so, daß, wenn der Versuch kurz nach Erreichen der Bruchlast abgebrochen wird, bei einer Belastung nach der entgegengesetzten Seite noch hohe Spitzenzüge aufgebracht werden können, zuweilen fast der gleiche wie der ursprüngliche Spitzenzug. Dies zeigt, daß der Verbund nur auf der Zug- oder nur auf der Druckseite zerstört war, so daß beim Wechsel dieser beiden Seiten der Mast wiederum fast seine volle Widerstandsfähigkeit erreicht.

Die Ausbiegung der Spitze bei der Bruchlast ist sehr erheblich, wie z. B. Abb. 46 zeigt. Die Schleudermaste zeigen eine überraschende Elastizität, die auf jeden, der sie zum erstenmal zu beobachten Gelegenheit hat, einen großen Eindruck machen, weil man derartigen Körpern ein solches Verhalten nicht leicht zutraut. In der Regel beträgt die Ausbiegung beim Bruch um 10% herum. Es sind jedoch schon 13 und mehr Prozent im Bruchzustand gemessen worden.

Die elastischen Linien der Abb. 47 lassen auch erkennen, welche Abbiegungen der Mast bei den normalen Belastungen erreicht. Je nach dem Sicherheitsfaktor können diese natürlich verschieden hoch gehalten werden. Bei 3facher Bruchsicherheit betragen sie bei Normallast 1,5—2% der freien Länge und gehen sonach nicht über die Abbiegungswerte eiserner Maste hinaus, was besonders festgestellt sei.

Abb. 48 zeigt noch einen auf andere Art, durch Anhängen von Lasten an den Enden, durchgeführten Biegeversuch an einer geschleuderten Traverse. Diese Versuche waren bei der in Abb. 25 dargestellten schwedischen Leitung vorgeschrieben. Sie zeigen besonders gut das erstaunliche elastische Verhalten des Schleuderbetons.

Versuche dieser Art sind wie gesagt, sehr häufig durchgeführt worden und lassen sich auch leicht bei Abnahmen wiederholen, so daß man sich über das diesbezügliche Verhalten der Maste leicht einen Überblick verschaffen kann. Umständlicher und daher seltener ausgeführt sind jedoch Versuche für andere Beanspruchungen der Maste, über welche noch einiges gesagt werden soll. Sie beziehen sich auf Untersuchungen des Verhaltens der Maste bei

1. Torsion,
2. freien Schwingungen,
3. fortgesetzten Spitzenbelastungen und -entlastungen (Ermüdungserscheinungen).

Torsionsversuche wurden von den Firmen Otto & Schlosser, Meißen, und Dyckerhoff & Widmann in früheren Jahren vorgenommen, mit dem Ziel, festzustellen, ob die Maste den Torsionsbeanspruchungen, welche sie in der Praxis treffen können (Reißen einzelner Leitungen) gewachsen sind. Vorschriften darüber, daß Maste auch auf Torsion berechnet und bemessen werden müssen, hat es bis vor kurzem ja nicht gegeben; erst die neuesten VDE-Bestimmungen stellen diese Forderung auf. Die früheren Versuche haben jedoch stets gezeigt, daß die Schleudermaste diejenigen Torsionsbeanspruchungen, welche bei den Spitzenzügen, für die die Maste bemessen sind, ungünstigstenfalls eintreten können, ohne weiteres aufzunehmen in der Lage sind, daß also eine besondere

Abb. 48.

Verstärkung für diesen Fall nicht notwendig wurde. Insofern bedeuten die erwähnten neuen Bestimmungen keine Erschwerung für sie, während z. B. Eisengittermaste zur Aufnahme der Torsionsbeanspruchungen eine Verstärkung erfahren müssen.

Torsionsversuche wurden auch in Italien durch Prof. H. Guidi vom Polytechnikum Turin angestellt, von ihnen zeigt Abb. 49 die Versuchsanordnung. Auch an dieser Stelle wurden die gleichen befriedigenden Resultate erzielt (Lit. 58).

Es könnte die Befürchtung laut werden, daß durch Eigenschwingungen, wie sie beim Reißen von Leitungsdrähten, beim Herabfallen von Schnee- und Eislasten oder auch durch Windangriff auftreten, Beanspruchungen in den Masten entstehen, die ihnen schädlich werden könnten. Aus diesem Grunde sind im Jahre 1923 von Dyckerhoff & Widmann an einer im Betrieb befindlichen Leitung dahingehende Versuche unternommen worden. An der Mastspitze wurde ein am anderen Ende im Erdboden verankertes, ziemlich langes Stahlseil befestigt und durch Schläge in Schwingungen versetzt, die sich auf den Mast übertrugen. In Anbetracht der nur geringen Masse des Seiles gegenüber der des Mastes können diese Schwingungen unbedenklich als freie Mastschwingungen gelten. Die Ausbiegungen der Mastspitze und die Periodendauer der Schwingungen wurden genau gemessen. Es ergaben sich bei Masten von 24—30 m freier Länge Schwingungszeiten von 2,21—3 Sekunden. Auf Grund der Abbiegungen der Mastspitze konnten die auftretenden statischen Beanspruchungen nachgerechnet werden und ergaben sich als gering. Die Mehrbelastung des Mastquerschnittes, die durch sie eintritt, ist jedenfalls nicht größer, als daß man sie vollkommen unbedenklich auf die ohnehin vorhandene Sicherheit nehmen kann.

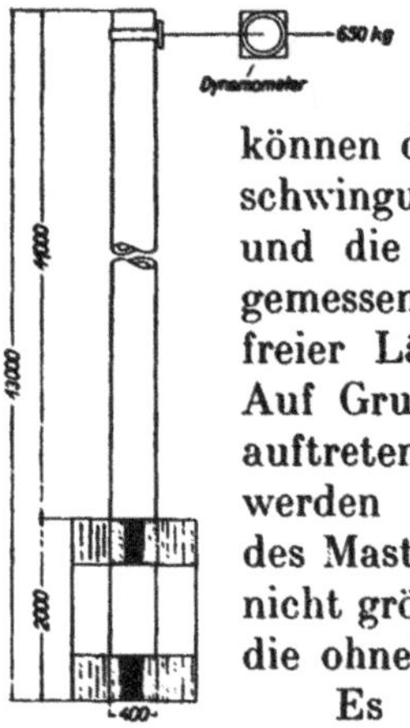

Abb. 49.

Es bleibt noch die Überlegung, daß durch solche immer wiederkehrende Schwingungen, wenn sie auch zunächst nicht zu Überbeanspruchungen führen, doch auf die Dauer Wirkungen entstehen könnten, welche etwa den Ermüdungserscheinungen bei Dauerversuchen an Metallproben entsprechen. Auch diese Möglichkeit ist durch Versuche geprüft worden.

Die Firma Otto & Schlosser hat bereits im Jahre 1910 in ihrem Schleuderwerk bei Meißen einen Mast von 10 m Länge für 250 kg Spitzenzug zu solchen Versuchen benützt. An seiner Spitze wurde ein Seil befestigt und mittels Umlenkrollen und Zahnradübersetzung mit der großen Transmission der Fabrik verbunden, so daß diese seine Spitze periodisch um 8—10 cm, was der Normalbelastung entspricht, abbog und wieder losließ.

Die Belastung geschah etwa 3—4 mal in der Minute, so daß der Mast stündlich 180—240 Lastwechseln ausgesetzt war. Diese Beanspruchung wurde ein halbes Jahr lang täglich 10 Stunden fortgesetzt, ohne daß sich irgendwelche Erscheinungen an dem Mast bemerkbar machten. Der Mast steht heute noch auf dem Fabrikgrundstück (Abb. 50).

Versuche gleicher Art wurden in den italienischen Schleuderwerken ebenfalls durchgeführt; hier wurde die Last 5 mal in der Minute aufgebracht und nachgelassen. Auch hier ergaben sich nach wochenlanger Fortsetzung der Versuche keinerlei Risse oder sonstige Anzeichen, die man auf Ermüdungserscheinungen deuten könnte (Lit. 47).

Der Käufer von Eisenbetonmasten hat selbstverständlich alles Interesse daran, daß im einzelnen Fall seine Maste die erforderlichen Eigenschaften haben. Die Herstellung von Eisenbetonwaren ist Erfahrungssache. Eisenbetonmaste müssen wie alle Waren und Bauteile aus Eisenbeton nach den anerkannten Regeln und Erfahrungen dieses Faches angefertigt werden. Wenn es sich darum handelt, die Maste von Firmen zu beziehen, welche deren Herstellung schon seit längerer Zeit mit Erfolg betreiben, hat man wohl einige Gewähr dafür, daß die Firmen jene Regeln schon im eigenen Interesse sorgfältig anwenden. Dem Lieferanten besondere Vorschriften zu machen ist daher wohl meist unnötig oder sogar schädlich, weil durch sie das Fabrikationsverfahren in zweckwidriger Weise gestört oder behindert werden könnte. Handelt es sich jedoch nicht um solche Fälle, oder muß aus besonderen Gründen Wert darauf gelegt werden, zur eigenen Deckung genaue Vorschriften zu machen, wie es etwa bei Ausschreibungen von Behörden oder bei Lieferungen für Zwecke vorkommen kann, bei denen besondere Sicherheit erforderlich ist, so kann es zweckmäßig sein, besondere Bedingungen aufzustellen, für welche im folgenden ein Muster gegeben ist:

Abb. 50.

Bedingungen für die Lieferung von Betonmasten.

1. Eisenbetonmaste müssen fabrikmäßig von geschulten Arbeitern und aus anerkannt guten Baustoffen hergestellt werden. Die anerkannten Regeln für die Herstellung von Eisenbeton sind dabei zu beachten.
2. Soweit es sich um gestampfte, gegossene oder nach ähnlichen Verfahren hergestellte Eisenbetonmaste handelt, sind diese Regeln in den »Amtlichen Bestimmungen für die Ausführung von Bauwerken aus Eisenbeton« (DIN 1046) niedergelegt, und diese Regeln sollen für die Herstellung als bindend gelten.
3. Für die Herstellung von Masten und Traversen im Schleuderbetonverfahren gelten diese Regeln nur insoweit, als sie nicht durch die nachfolgenden Vorschriften aufgehoben und ersetzt werden.
4. Bei Verwendung normalen Zements bleiben die Maste zunächst mindestens 24 Stunden in der Schalung, wobei die Schalung vorher, nur so weit entfernt werden darf, als es mit Rücksicht auf die ruhige Lage des Mastes während des Abbindeprozesses angängig ist. Die Maste sind darauf 3 Wochen in gedeckten Räumen gegen die Einwirkung des Frostes und gegen vorzeitiges Austrocknen geschützt zu lagern und dürfen vor insgesamt 4wöchiger Erhärtung nicht verladen werden.

Bei Verwendung hochwertigen Zementes im Sinne der »Deutschen Normen für einheitliche Lieferung und Prüfung von Portlandzement«, der nach 3 Tagen (1 Tag in feuchter Luft, 2 Tage unter Wasser) eine Druckfestigkeit von mindestens 250 kg/cm² und eine Zugfestigkeit von mindestens 25 kg/cm² besitzt, dürfen die obigen Fristen auf den 3. Teil verkürzt werden, jedoch müssen die Maste mindestens auf die Dauer der Abbindezeit des Zementes, welche nach den obigen Normen zu bestimmen ist, in der Schalung in Ruhe bleiben.

Werden für eine beschleunigte Abbindung und Erhärtung Spezialzement oder besondere Verfahren angewandt, so können die obigen, für hochwertigen Zement angegebenen Fristen in dem Umfang herabgemindert werden, als durch das Verfahren oder die Anwendung des Spezialzementes die Verkürzung der Abbinde- und Erhärtungszeit nachgewiesen ist.

5. Die Eisenbetonmaste und Traversen sind ohne Berücksichtigung der Zugspannungen des Betons zu berechnen. Bei der Berechnung können schräg zu den Hauptachsen des Querschnittes angreifende Kräfte in die Richtungen der Hauptachsen zerlegt werden[1]). Die Maximalspannungen werden durch Addition der aus den Komponenten sich ergebenden Teilspannungen festgestellt.

   Auf besonderes Verlangen sind die auftretenden Beanspruchungen nachzuweisen.

6. Bei Doppelmasten sind die Einzelmaste durch kräftige Eisenbetonverbindungsstücke oder Stege so miteinander zu verbinden, daß sie statisch als Einheit wirken.

7. Die Überdeckung der äußeren Armierungsspirale oder Bügelbewehrung mit Beton muß mindestens 1 cm betragen.

8. Die Eiseneinlagen sind aus einer Längsbewehrung von Stahlstäben, die im allgemeinen auf einem Kreis gleichmäßig zu verteilen sind, und aus einer 3fachen Spiraldrahtbewehrung zu bilden. Von den 3 Spiralen sind zwei mit entgegengesetzter Windung außerhalb, die dritte innerhalb der Längseisen anzuordnen.

   Eine ungleichmäßige Verteilung der Längseisen ist durch deutlich sichtbare Marken auf der Achse des größten Trägheitsmomentes kenntlich zu machen.

9. Im übrigen sind die Bestimmungen der »Vorschriften für Starkstromfreileitungslinien V. S. F./1930« des VDE zu beachten.

Unter Umständen kann es sich auch empfehlen, Ursprungszeugnisse über die verwendeten Materialien einzufordern, welche zweckmäßig folgende Angaben zu enthalten haben:

a) Hersteller, Fertigungsnummer, Art der Herstellung, Tag der Herstellung und der Verladung.

b) Mischungsverhältnis des Betons, Art und Herkunft des Zementes, Art und Herkunft der Zuschlagstoffe, Druckfestigkeit der Betonwürfel nach den »Bestimmungen für Druckversuche des deutschen Ausschusses für Eisenbeton«.

c) Stahlsorte der Stahleinlagen und des Drahtes, deren Spannung an der Streck- und Bruchgrenze sowie Angabe deren Bruchdehnung.

d) Nachweis von etwaigen Biegeversuchen an Masten der Lieferung oder an anderen Masten gleicher Art.

---

[1]) Diese Bestimmung bezieht sich, da die Schleuderbetonmaste selbst ein nach allen Seiten gleiches Trägheitsmoment besitzen, nur auf die Traversen.

Literatur-Übersicht.

Außer den nachstehend genannten Veröffentlichungen bringen die Nummern 3, 15, 17, 21—24, 26 und 37 der Lit. Übers. des 1. Kapitels hierauf Bezügliches.

58. Zorzi, Elettrotecnica 1922, Nr. 29, S. 686.
59. W. Hermann, Die Dimensionierung kreisringförmiger Eisenbetonquerschnitte bei Biegungsbeanspruchung (Dissertation Techn. Hochsch. Dresden 1923).
60. Gillespie und Wilson, Bulletin Nr. 6 der »Faculty of Applied Science and Engineering« usw. Universität Toronto (Can.) 1926.
61. ETZ 1927, Heft 30, S. 1079.
62. Hentrich, Dr.-Ing. e. h. Oberbaurat, Techn. Blätter d. Deutschen Bergw.-Ztg. 1928, Nr. 26.
63. Mörbitz, VDI 1928, S. 416.
64. Siemens-Jahrbuch 1929, S. 163.
65. VDI 1929, S. 1174.
66. Anweisung für Mörtel u. Beton (A M B), herausgegeben v. d. Reichsbahn, 2. Aufl., Berlin 1929.
67. Mörsch, Der Eisenbetonbau, Stuttgart 1920, I. Bd., S. 321ff.
67a. Rausch, Dr.-Ing., Berechnung des Eisenbetons gegen Verdrehung (Torsion) und Abscheren. Verlag Julius Springer. 1929.

III. Allgemeines über den Freileitungsbau mit Schleuderbetonmasten.

Der Bau von Hochspannungsfreileitungen umfaßt zwei voneinander verschiedene Arbeitsgebiete, ein elektrotechnisches und ein bautechnisches. Beide greifen ineinander und ebenso wie der elektrotechnische Entwurf sich nach den bautechnischen Ausführungsmöglichkeiten zu richten hat, wird sich der bauliche Entwurf den elektrotechnischen Anforderungen anpassen müssen.

Vom elektrotechnischen Standpunkt aus bietet der Bau von Freileitungen mit Schleuderbetonmasten keine Unterschiede gegenüber dem mit Stahl- oder Holzmasten. Die in den ersten Jahren der Betonmaste vielfach erörterte Streitfrage, ob die Struktur des Betons durch den elektrischen Strom beeinflußt würde und deshalb evtl. besondere Schutzmaßnahmen nötig wären, ist heute dahingehend entschieden, daß irgendwelche bedenkliche elektrische Einflüsse auf den Beton nicht bestehen, besondere Maßnahmen also nicht notwendig sind (vgl. S. 77 ff.). In der Praxis haben sich auch an der inzwischen sehr großen Zahl von aufgestellten Schleuderbetonmasten niemals irgendwelche schädlichen Einflüsse von der elektrischen Seite her gezeigt.

Der elektrotechnische Teil des Baues wird somit in keiner Weise von der Verwendung der Schleuderbetonmaste als Gestängematerial beeinflußt und seine Erörterung kann daher im Rahmen des vorliegenden Buches unterbleiben. Dieses hat sich vielmehr in erster Linie mit der bautechnischen Seite zu befassen, welche in einigen Punkten besondere Merkmale zeigt.

In den Grundzügen ist der Leitungsbau mit Schleuderbetonmasten ebenfalls demjenigen mit anderen Gestängearten gleich; die Trassierung sowie der Hauptteil der Arbeiten unterscheiden sich kaum. Es sollen im folgenden auch nur die durch die Natur des Schleuderbetongestänges bedingten, besonderen Gesichtspunkte behandelt werden, um den Bau mit Schleuderbetonmasten zu erleichtern und zu verbilligen [1]).

---

[1]) Über Freileitungsbau vgl. Lit. 68.

Die allgemein bekannten Verhältnisse bezüglich der Vorteile einer möglichst geradlinigen Trassenwahl unter möglichster Vermeidung von Eckmasten, Straßen-, Bahn- und Postkreuzungen, gelten natürlich auch hier, sind jedoch nicht anders als bei Stahlmasten zu beurteilen, da die Preise der Spezialmaste die Gesamtkosten bei Schleuderbeton in keinem höheren Prozentsatz belasten. Auch sind die Schleudermaste in den meisten Ländern heute von den Behörden für alle Überkreuzungszwecke zugelassen, wenn die entsprechenden Sondervorschriften beachtet werden. In einer Anzahl von Vorschriften ist sogar die 3fache Spiralwicklung für Schleuderbetonmaste bindend vorgeschrieben worden[1]).

Daß bei der Trassenwahl auf das Vorhandensein geeigneter Zufuhrwege soweit wie möglich Rücksicht zu nehmen ist, braucht ebenfalls nur erwähnt zu werden. Eine besondere Rücksichtnahme auf den Schleuderbeton bei Verwendung der heutigen Transportmittel ist trotz der höheren Einzelgewichte erfahrungsgemäß kaum erforderlich (vgl. 4. u. 7. Kapitel).

Bezüglich der Spannweite und des Seilzuges sind ebenfalls keine vom Üblichen abweichende Erwägungen anzustellen. Wie die späteren Erörterungen über die »Wirtschaftliche Spannweite« zeigen werden (8. Kapitel), ist die Wahl des Schleuderbetons als Gestängematerial auf sie ohne bedeutenden Einfluß. Die diesbezüglichen Alternativrechnungen zur Ermittlung des billigsten Gestänges werden also genau in der gleichen Weise durchgeführt werden können und meist die Wahl der gleichen Spannweiten bei denselben Seilquerschnitten und -zügen im Gefolge haben.

Für den Bau in hügeligem Gelände und in Raureifgebieten seien hier einige für die Praxis vielleicht erwünschte weniger bekannte Rechnungen mitgeteilt, die nicht nur für Schleudermaste, sondern allgemein Gültigkeit haben.

Bei gleicher Höhenlage der Stutzpunkte bestimmt sich der Seildurchgang f_x an einer beliebigen Stelle der Spannweite a aus dem maximalen $f_{\max}$ und der Entfernung x vom Stützpunkt zu:

$$f_x = 4 f_{\max} \frac{(a - x)\, x}{a^2},$$

wenn, was für kürzere Spannweiten genau genug ist, die Parabel als Seillinie angenommen wird. Hiermit kann der Leiterabstand von jedem Punkt des Bodenprofils nachkontrolliert werden. Schwieriger ist diese Kontrolle aber bei ungleicher Höhenlage der Stützpunkte in hügeligem Gelände; gerade hier ist jedoch die Nachrechnung von größter Wichtigkeit, wenn man unliebsame Überraschungen beim Seilzug vermeiden will.

[1]) Vgl. z. B. Erlaß der Eisenb.-Gen.-Dir. Dresden Akt.-Z. III J. 2147/20—III C 1547/20 und S. 74.

Nimmt man wieder zunächst die Parabel als Seillinie an, deren Parameter (vgl. Abb. 51), d. h. der Abstand des tiefsten Seilpunktes von der Leitlinie c ist, so kann man schreiben (vgl. Lit. 69 und 70)

$$c = \frac{H}{F \cdot \gamma 10^{-3}},$$

worin

H = Seilzug in kg ($= F \cdot \sigma$),
F = Seilquerschnitt in mm²,
σ = Seilspannung in kg/mm².

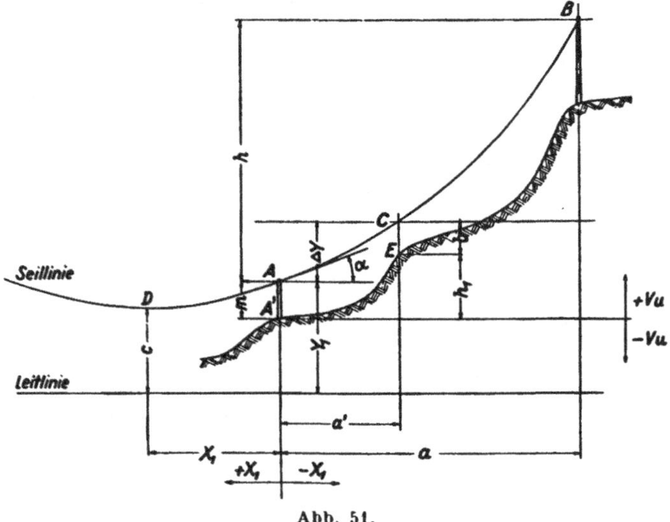

Abb. 51.

Die Lage des tiefsten Punktes D der Seillinie erhält man aus

$$x_1 = c\,\frac{h}{a} - \frac{a}{2}.$$

Er liegt zwischen den Stützpunkten, wenn x_1 negativ, jenseits des tieferen Stützpunktes A, wenn x_1 positiv ist (vgl. Abb. 51). Der Höhenabstand eines beliebigen Punktes C vom tieferen Stützpunkt ist

$$\Delta y_p = \frac{(x_1 + a')^2}{2c} - \frac{x_1^2}{2c}$$

(Bezeichnungen nach der Abb. 51).

Will man für größere Spannweiten die genauere Ermittlung unter Zugrundelegung der Kettenlinie als Seillinie durchführen, so ergibt sich für x_1 die Gleichung:

$$\mathfrak{Sinh} \cdot \left(\frac{x_1}{c} + \frac{a}{2c}\right) = \frac{h}{2c \cdot \mathfrak{Sinh}\left(\frac{a}{2c}\right)}.$$

Der Durchgang

$$y = c\left(\mathfrak{Cosh}\cdot\left(\frac{a/2}{c}\right) - 1\right).$$

Der Höhenabstand des Punktes C vom tieferen Stützpunkt A wird:

$$\Delta y_k = \frac{(x_1 + a')^2}{2c} + \frac{(x_1 + a')^4}{24c^3} - \frac{x_1^2}{2c} - \frac{x_1^4}{24c^3}$$

$$y_1 = c\cdot\mathfrak{Cosh}\cdot\left(\frac{x_1}{c}\right) \qquad y_1 + h = c\cdot\mathfrak{Cosh}\cdot\left(\frac{x_1 + a}{c}\right).$$

Der Bodenabstand des Punktes C ist (M = Masthöhe) in beiden Fällen:

$$b = \Delta y + M - h_1.$$

Damit kann die Kontrolle für jeden beliebigen Punkt durchgeführt werden.

Bei großer Höhendifferenz zwischen den Stützpunkten kann es auch vorkommen, daß die Tragketten am unteren Stützpunkt nach oben gezogen werden. Der Auftrieb bestimmt sich zu (vgl. Lit. 69):

$$V_u = H\cdot\mathfrak{Sinh}\left(\frac{x_1}{c}\right),$$

der Neigungswinkel des auflaufenden Seiles aus

$$\operatorname{tang}\alpha = \mathfrak{Sinh}\left(\frac{x_1}{c}\right).$$

Als Abhilfe kann man entweder

1. die Ketten durch ein Zusatzgewicht herabziehen, das etwas größer als der nach obiger Formel ermittelte Aufwärtszug sein muß, damit die Tragkette nicht vollkommen entlastet ist, oder auch
2. statt der Tragketten Abspannketten verwenden.
3. In neuester Zeit wird der Auftrieb bei Tragmasten nicht vernichtet, sondern ausgenützt. Die Tragketten werden zu Stehketten und sind nach oben gerichtet. Diese Ausführung ist nur möglich, wenn der Zug nach aufwärts genügend groß ist. Hier kann man, falls erforderlich, dadurch nachhelfen, daß man den Tragmast verkürzt und so einen größeren Auftrieb absichtlich vorsieht. Infolge kleinerer Masthöhen wird die Leitung billig.

Für die Berechnung der maximal zulässigen Eislast in Rauhreifgebieten ist folgender Ansatz zweckmäßig:

Die Seillänge bei einer Temperatur t_0 über 0^0, das heißt ohne Eislast ist:

$$L_{t_0} = a + \frac{8}{3}\,\frac{f_{t_0}^2}{a},$$

worin a die Spannweite in m, f_{t_0} der Durchhang bei der Temperatur t_0 in m. Als Eisbruchlast bezeichnet man nun den Wert der Eislast, bei dem das Seil mit der Bruchspannung σ belastet wird. Sie möge bei einer Temperatur t unter 0° das Seil belasten. (Die VDE-Bestimmungen legen der Eislastberechnung erfahrungsgemäß $t = -5\,^\circ$C zugrunde.) Die Längenzunahme des Seiles bei diesem Belastungsfall gegenüber dem bei t_0 ist dann:

$$\Delta L = (t - t_0) \cdot \alpha \cdot L_{t_0} + (\sigma - \sigma_0) \cdot \beta \cdot L_{t_0}.$$

Hierin bedeutet:

σ_0 = die Seilspannung bei t_0 in kg/mm²,
α = den Wärmeausdehnungskoeffizienten des Seiles,
β = den Dehnungskoeffizienten des Seiles.

Die Seillänge für diesen Belastungsfall wird also:

$$L = L_{t_0} + \Delta L.$$

Andererseits ist aber auch:

$$L = a + \frac{8}{3} \cdot \frac{f^2}{a},$$

worin f der gesuchte zugehörige Durchhang bei t^0 und Eisbruchlast ist, der sich demnach bestimmt zu:

$$f = \sqrt{\frac{(L-a) \cdot 3a}{8}}$$

und mit Einführung des Seilgewichtes einschließlich Eislast γ (in g/m, mm²)

$$f = \frac{a^2 \cdot \gamma}{8000 \cdot \sigma}$$

der Wert

$$\gamma = \frac{f \cdot 8000 \cdot \sigma}{a^2}$$

und die gesuchte Eisbruchlast γ_{Eis} selbst zu

$$\gamma_{\text{Eis}} = \gamma - \gamma_L \text{ g/m, mm}^2$$

(γ_L = Gewicht des Seiles allein).

Ein Zahlenbeispiel möge die Anwendung erläutern. Es sei ein Kupferseil von 70 mm² auf einer Spannweite $a = 180$ m zu verlegen. Es ist zunächst für $t_0 = +40\,^\circ$C:

$$L_{+40} = 180 + \frac{8}{3}\;\frac{5{,}6^2}{180} = 180{,}465 \text{ m.}$$

Weiter ergibt sich:

$$\varDelta L = (-5-40)\cdot 0{,}16\cdot 10^{-4} + (40-6{,}45)\cdot 0{,}75\cdot 10^{-4}\cdot 180.465 = 0{,}323\,\text{m}$$

$$L = 180{,}465 + 0{,}323 = 180{,}788\,\text{m}$$

$$f = \sqrt{\frac{(180{,}788-180)\cdot 3\cdot 180}{8}} = 7{,}29\,\text{m}$$

$$\gamma = \frac{7{,}29\cdot 8000\cdot 40}{180^2} = 72$$

$\gamma_{\text{Eis}} = 72 - 8{,}9 = 63{,}1$ g/m, mm².

Die Eislast pro lfd. m ist als

$$\gamma_{\text{Eis}} = 63{,}1\cdot 70 = 4420\,\text{g/m}.$$

Die Rechnung erlaubt also nachzuprüfen, ob bei der in dem betreffenden Gebiet zu erwartenden maximalen Eislast das Seil bei der gewählten

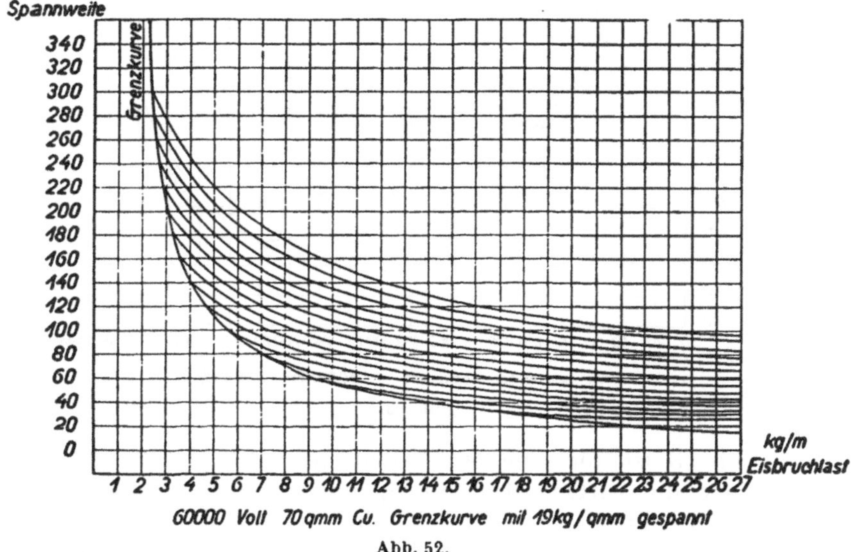

Abb. 52.

Spannweite nicht über 40 kg/mm² beansprucht wird, bzw. dafür zu sorgen, daß dies nicht geschieht. Hierzu gibt es zwei Wege: Verringerung der Spannweite oder Verringerung der normalen Seilspannung (nach den VDE-Bestimmungen für —5° und normale Eislast berechnet). Man wird praktisch oft beides zugleich machen.

Die Kurven der Abb. 52 zeigen die erforderliche Verringerung der Spannweite. Die Eisbruchlasten in der »Grenzkurve« sind diejenigen, die das Seil tragen kann, wenn sein Durchhang (d. h. seine Spannung) normal nach den VDE-Bestimmungen für —5° C und normale Eislast gewählt worden ist. Die davon ausgehende Kurvenschar zeigt die erforderlichen Verringerungen der Spannweite für höhere Eisbruchlasten als die in der Grenzkurve. So ist z. B. für $a = 300$ m die Eisbruchlast, die das Seil bei normaler Verlegung (berechnet nach VDE) zu tragen vermag (Grenzkurve) nur 2,5 kg/m. Reduziert man die Spannweite unter Beibehaltung des Durchhanges von 300 m, d. h. also unter Verringerung der Seilspannung gegenüber der normal zulässigen, auf 140 m, so kann es eine Eisbruchlast von 12 kg/m tragen (oberste Kurve der Kurvenschar).

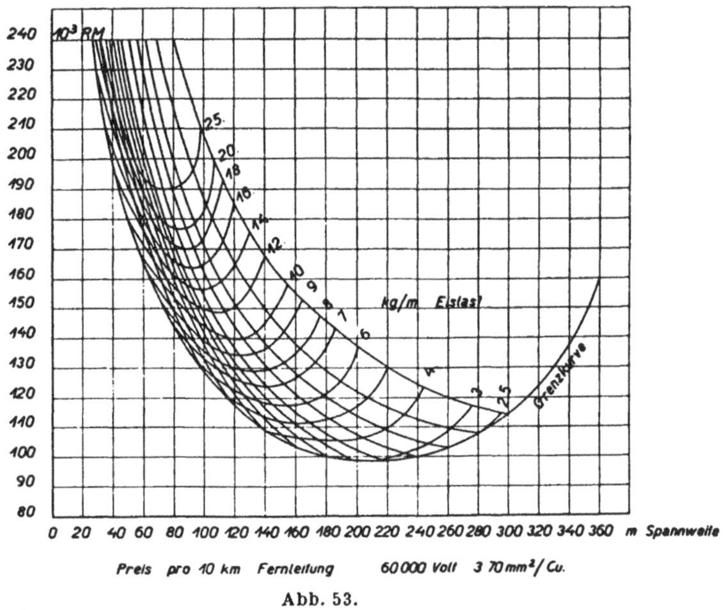

Abb. 53.

In Abb. 53 ist für eine 60-kV-Leitung mit 3×70 mm² Cu und 10 km Länge die wirtschaftlichste Spannweite für verschiedene Eisbruchlasten errechnet (vgl. 8. Kap.). Man erkennt den großen Einfluß dieser Belastung auf das Projekt. Bei 6 kg/m Eislast muß die Spannweite schon auf ca. 150 m verringert werden gegenüber ca. 200 m bei normaler Eislast (nach VDE), für welche die »Grenzkurve« gilt.

Einige Bemerkungen sind noch über die Wahl des Mastkopfbildes notwendig. Die Frage, ob bei drei Leitern die Dreieckanordnung, bei sechs Leitern die Sechseck- bzw. die sog. Tannenbaum-Anordnung oder demgegenüber in beiden Fällen die Leiteranordnung in einer Ebene zweckmäßiger ist, wurde ja allgemein noch nicht entschieden. Hier sind im Einzelfall elektrotechnische Fragen gegen solche der Betriebssicherheit abzuwägen. In den letzten Jahren ist immerhin eine erneute Hinneigung zu der Aufhängung in einer oder zwei Ebenen bemerkbar gewesen. Diese hat aber den gerade bei Schleuderbetonmasten angenehmen Vorzug, geringere Mastlängen zu ergeben. Während nämlich Eisenmaste im allgemeinen geteilt verladen und angeliefert und erst an Ort und Stelle zusammengesetzt werden, werden Schleuderbetonmaste, von Ausnahmefällen abgesehen, im ganzen hergestellt und angeliefert, und es ist daher mit Rücksicht auf den Transport einigermaßen darauf zu achten, die Mastlängen tunlichst zu beschränken. So ergibt bei Stahlmasten z. B. die Sechseckanordnung infolge geringerer Traversenausladungen, trotz

Abb. 54.

Abb. 55.

größerer Mastlängen oft billigere Gestänge, während bei Schleudermasten der kürzere Mast häufig trotz wesentlich breiterer Traversenausladungen dieses Ziel erreichen läßt, wenn man die Leiter in nur einer oder zwei Ebenen anordnet. Besonders die Portalanordnung hat hier in vielen Fällen billige Projekte ergeben.

Die folgende Aufstellung erläutert dies an dem Beispiel einer Spannweitenberechnung. Angenommen ist in allen Fällen eine Gesamtlänge der Betonmaste von 25 m, die eine bequeme Bahnverladung ermöglicht. Für Tragmaste von dieser Länge wird die erreichbare Spannweite einer 100-kV-Leitung mit einem Belag von 6 × 95 mm² Kupferseil und Erdseil bei einer Seilspannung von 19 kg/mm² errechnet, nnd zwar für drei verschiedene Mastkopfbilder: Abb. 54 bzw. 55 in Sechseck- bzw. sog. Tannenbaumanordnung, Abb. 56 Leiteranordnung in nur 2, Abb. 25 in nur einer Ebene (Portal). Das Ergebnis zeigt Tabelle 1.

Tabelle 1.

		Abb. 54 u. 55	Abb. 56	Abb. 25
Erdstück	m	3,00	3,00	3,00
Bodenabstand	m	7,00	7,00	7,00
Durchhang	m	7,40	9,40	11,90
Kettenlänge	m	1,60	1,60	1,60
Traversenabstände	m	5,00	2,80	0,00
Erdseilträger	m	1,00	1,20	1,50
Gesamtlänge	m	25,00	25,00	25,00
Spannweite bei obigem Durchhang	m	264	298	336
Zunahme der Spannweite	%	—	13	27

Es ist einleuchtend, daß diese bedeutenden Zunahmen der Spannweite vorteilhaft sein werden. Im vorliegenden Fall wird die Bauart nach Abb. 56 vermutlich die billigste Strecke geben, während die nach Abb. 25 wegen der Verdoppelung der Mastzahl teurer wird.

Abb. 56.

Die Abb. 29 zeigt eine ausgeführte Leitung mit Anordnung in zwei Ebenen mit sehr schlanken Tragmasten, Abb. 17, 21 und 25 Portalmaste.

Diese Erörterung darf aber nicht so verstanden werden, als ob die Länge der Schleuderbetonmaste an sich begrenzt sei. Die Grenze der Herstellungsmöglichkeit dieser Maste wurde heute noch nicht erreicht, und größere als die heute nötigen Längen würden sich durch Ausbau der vorhandenen Fabrikationseinrichtungen jederzeit herstellen lassen. Nur die Transportmöglichkeit auf der Bahn (Rücksicht auf die Kurven) bietet eine Grenze, welche jedoch (bei einer Mastlänge von etwa 32 m gelegen) ebenfalls noch nicht erreicht wurde. Für große Längen ist es übrigens auch möglich und schon öfter ausgeführt worden, die Maste geteilt zu versenden und erst an Ort und Stelle zusammenzusetzen; dieses Verfahren ist für Maste bis 40 m Länge ausgeführt worden.

Die Tabelle 2 zeigt eine Zusammenstellung der Vorschriften, welche in den hauptsächlichsten europäischen Ländern bei der Verwendung von Schleuderbetonmasten zu beachten sind. Sie enthalten im allgemeinen nur wenige Angaben, die sich hierauf beziehen, und eigentliche Beschränkungen der Anwendung werden durch sie heute in keinem der erwähnten Länder mehr hervorgerufen. Nur die Sicherheitskoeffizienten gehen in einigen Ländern über das in Deutschland Übliche hinaus.

In Deutschland sind die grundlegenden Bestimmungen in die heute gültigen VDE-Bestimmungen über Freileitungen hineingearbeitet worden (Lit. 71). Die auf Betonmasten bezüglichen Teile dieser Vorschriften sind in folgendem abgedruckt.

Auszug aus den „Vorschriften für den Bau von Starkstrom-Freileitungen" V.S.F. Januar 1930.

In diesen vom VDE herausgegebenen Vorschriften kommen für Betonmaste folgende Abschnitte speziell in Betracht:

4. Eisenbetonmaste § 25:

a) Eisenbetonmaste müssen in der Werkstatt oder im Baugebiet fabrikmäßig von geschulten Arbeitern und aus anerkannt guten Baustoffen hergestellt werden.

b) Eisenbetonmaste und -querträger sind nach den Bestimmungen des Deutschen Ausschusses für Eisenbeton (DIN 1046) zu berechnen.

Bei der Berechnung können schräg zu den Hauptachsen des Querschnittes angreifende Kräfte in Richtung der Hauptachsen zerlegt werden. In diesem Falle ist die Querschnittsberechnung unter der Annahme einer ungerissenen Zugzone vorzunehmen, der Querschnitt also als homogen zu betrachten.

Die größten Beton-Druckspannungen ergeben sich aus der Summe der aus den Teilkräften ermittelten Einzelspannungen, wobei die nach d) 3 bzw. die nach DIN 1046 zulässigen Druckspannungen um 25% zu ermäßigen sind.

Die Bewehrung ist so zu bemessen, daß sie allein die im homogenen Querschnitt aus den Teilkräften sich ergebenden Zugspannungen aufnimmt. Dabei sind die nach DIN 1046 zulässigen Spannungen einzuhalten.

c) Bei Doppelmasten sind die Einzelmaste durch kräftige Eisenbetonverbindungsstücke oder -stege so miteinander zu verbinden, daß sie statisch als Einheit wirken.

d) Für Eisenbetonmaste und -querträger, die im Schleuderverfahren oder im maschinellen Rüttelverfahren hergestellt werden, gelten folgende besondere Bestimmungen:

1. Alle Metallteile müssen mit einer Betonschicht von mindestens 1 cm bedeckt sein.

Tabelle 2.

Bestimmungen für Freileitungen auf Schleuderbetonmasten in den wichtigsten europäischen Staaten.

Land	Herausgebende Stelle	Titel der Druckschrift	Bemerkungen
Belgien	Ministerium der Industrie, Arbeit und sozialen Fürsorge (Direction Générale de l'Industrie). (Verl. Imprimerie du Moniteur Belge, Brüssel, Rue de Louvain 40.)	»Lois et Règlements concernant les Distributions d'Energie Electrique«, Ausgabe 1927 (Gesetz vom 10. II. 1927).	Außer im Sicherheitsfaktor wenig von den VDE-Bestimmungen abweichend.
Dänemark	Ministerium der öffentlichen Arbeiten (Electricitetskommissionen).	»Staerkstromsreglementet« vom 26. I. 1924 (3. Ausgabe 1924).	Keine besonderen Bestimmungen über Schleuder- und Betonmaste.
Frankreich	Ministre des Travaux Publics (Union des Syndicats d'Electricité, Paris, 25 Boulevard Malesherbes).	»Circulaire et arrêté concernant les Distributions d'Energie Electrique« vom 30. IV. 1927 (Publication Nr. 53 u. 53 bis).	Keine wesentlichen Bestimmungen über Schleuder- und Betonmaste.
Holland	Koninklijk Instituut van Ingenieurs (Commissie voor de Buitenleidingen) ('s Gravenhage). (Vom Ministerium noch nicht genehmigt.)	»Voorschriften betreffende de eischen waaraan bovengrondsche elektrische lijnen voor zeer hooge spanning moeten voldoen« (herausg. Nov. 1928).	— — —
Italien	Unione Nazionale Fascista Industrie Elettriche (Unfiel) und Assoziazione Elettrotecnica Italiana (veröff. in »Energia Elettrica«, Mailand, Dezemberheft 1928).	»Norme per l' esecuzione e l' esercizio degli impianti elettrici«, Ausgabe 1929 (Entwurf).	— — —
Jugoslaiwen	— — —	— — —	Vorschriften im Jugoslav. Ingenieur-Verein in Arbeit. Vorläufig werden von Behörden und Firmen die VDE-Bestimmungen eingehalten.
Luxemburg	— — —	— — —	Die VDE-Vorschriften gelten als maßgebend.

Norwegen	Norsk Elektroteknisk Komite. (Verl. Morten Johansens Boktrykkeric, Oslo 1928.)	»Normer for Luftledninger« (Ausgabe 1928).	Keine wesentlichen Bestimmungen über Schleuder- oder Betonmaste.
Österreich	Elektrotechnischer Verein in Wien und Österreichischer Ingenieur- und Architekten-Verein (Wien).	»Vorschriften für Freileitungen EVW 18« von 1928 (anerkannt durch Erlaß des Bundesministeriums für Handel und Verkehr Z 132.202-6-1928). In Verbindung mit den »Bestimmungen für Eisenbeton Oenorm B 2302« (2. Ausgabe 1928). (Anerkannt durch Erlaß des Bundesministeriums für Handel und Verkehr Z 119.055-2-1927.)	Keine Sondervorschriften über Schleudermaste.
Polen	— — —	— — —	Vorschriften sind noch in Arbeit.
Schweden	»Svenska Teknologföreningingen« (Avdeling för Elektroteknik) Stockholm. (Verl. Jvar Haeggströms Boktryckeri A.B., Stockholm.)	»Normer för Hållfasthetsberäkning av Elektriska Kraftledningar« vom 1. V. 1925 zusammen mit »Normalbestämmelser för Byggnadsverk av Betong och Armered Betong (Betongbestämmelser) vom 27. III. 1924« nebst Ergänzung von 1926 (herausg. vom Kgl. Bauministerium Stockholm 1926, 2. Aufl.).	— — —
Schweiz	— — —	— — —	Vorschriften sind in Arbeit. Vorläufig halten sich Behörden und Firmen im allgemeinen an die VDE-Vorschriften.
Tschechoslowakei	Elektrotechnický Svaz Československý (ESČ) in Prag. (Verl. Pražská Akc. Tiskárna, Prag.)	»Vorschriften und Normen von 1920, 1923 und 1925« (genehmigt durch Erlaß des Min. für öffentl. Arbeiten vom 21. II. 1925 Zl. 18-131/76/90 765 ai 1924 und des Eisenbahnmin. vom 25. V. 1925 Zl. 24651 -VI/5/1925).	— — —
Ungarn	— — —	— — —	Vorschriften in Arbeit. Vorläufig werden die VDE-Vorschriften angewendet.

2. Sofern die Maste nicht nach allen Seiten das gleiche Widerstandsmoment haben, ist die Hauptzugrichtung durch eine Marke zu kennzeichnen.
3. Die verwendeten Baustoffe (Beton und Stahl) können bis zu 40% der Bruchfestigkeit beansprucht werden, wobei der Querschnitt der Stahlbewehrung mindestens 1,6% des Betonquerschnittes betragen muß. In handgestampften Stößen dürfen die Baustoffe nur bis 25% der Bruchfestigkeit beansprucht werden. — Damit ist erfahrungsgemäß eine mindestens 3fache Sicherheit der Gesamtkonstruktion gegen Bruch gegeben.

e) Bei den Belastungsaufnahmen nach § 17c) müssen Eisenbetonmaste eine mindestens 2fache Sicherheit gegen Bruch haben, die vom Lieferer an Hand von Versuchswerten nachzuweisen ist.

Einzelheiten enthalten noch folgende Paragraphen:

§ 15, Abs. 2: Winddruck.

Bei Bauteilen mit Kreisringquerschnitt ist die Fläche mit 50% der senkrechten Projektion der wirklich getroffenen Fläche anzusetzen. Doppelmaste, bei denen der Zwischenraum kleiner als der mittlere Durchmesser eines Mastes ist, sind mit 80% zu rechnen, wenn der Wind senkrecht zu der Ebene wirkt, die durch die Längsachse beider Maste geht.

§ 17, Abschnitt c): Belastung durch Verdrehen.

Stahlgittermaste, Stahlrohrmaste, Eisenbetonmaste und Holzgittermaste mit Kettenisolatoren sind unter der Annahme zu berechnen, daß durch den Bruch einer Leitung ein Drehmoment hervorgerufen wird. Dabei ist bei Tragmasten der halbe, bei allen anderen Masten der volle einseitige Höchstzug der Leitung anzusetzen, für die sich in den einzelnen Bauteilen die größten Spannungen ergeben. Bei Tragmasten in Gegenden, in denen nachweislich größere Zusatzlasten als die normale regelmäßig aufzutreten pflegen, ist mit dem vollen Höchstzug der Leitung zu rechnen. Winddruck kann vernachlässigt werden. Der Bruch von Erdseilen, die so beschaffen und verlegt sind, daß sie einer größeren Zusatzlast als die Spannung führenden Leitung standhalten, kann unberücksichtigt bleiben.

Bei dieser Berechnung gelten für Eisenbetonmaste die in § 25 e) angegebenen zulässigen Spannungen und erforderlichen Sicherheiten.

§ 33: Erhöhte Sicherheit, a) Maste und Querträger.

Für die Berechnung von Stahlgittermasten, Stahlrohrmasten, Eisenbetonmasten und Holzgittermasten mit Kettenisolatoren gelten die Bestimmungen in § 17 c), Abs. 1—3, mit der Maßgabe, daß bei Tragmasten in allen Fällen der volle einseitige Höchstzug einer Leitung einzusetzen ist.

Maste, die nicht nach § 17 c), Abs. 1—3, zu berechnen sind, müssen so bemessen sein, daß sie einen am oberen Mastende in Richtung der Leitungen angenommenen Zug aushalten, der gleich dem Höchstzug einer Strom führenden Leitung ist. Winddruck kann unberücksichtigt bleiben. Bei dieser Berechnung gelten für Stahlgittermaste die in Tafel IV, Spalte 3, für nahtlose Stahlrohrmaste die in § 24 h), für Holzgittermaste die in § 22 b) angegebenen zulässigen Spannungen. Andere Holzmaste müssen mindestens 2fache Sicherheit, bezogen auf die Bruchfestigkeit, aufweisen, jedoch darf die Zopfstärke von einfachen Holzmasten 15 cm, die von Doppel- und A-Masten 12 cm nicht unterschreiten. Eisenbetonmaste müssen mindestens 2fache Sicherheit gegen Bruch haben.

Alle Maste müssen für die der Berechnung der Maste selbst zugrunde gelegte Belastungsannahme ausreichende Standsicherheit haben.

Holzmaste sind in ihrer ganzen Länge gegen Fäulnis wirksam zu schützen.

Für die Berechnung der Querträger gilt § 17 e) mit der Maßgabe, daß bei Tragmasten für die Belastung bei Leitungsbruch der volle einseitige Höchstzug einer Leitung einzusetzen ist.

Die in den Bestimmungen erwähnten Sondervorschriften einzelner Behörden, nämlich der Reichsbahn, der Post und der Reichswasserstraßenverwaltung sind in ihren diesbezüglichen Teilen ebenfalls im folgenden abgedruckt.

A. »Bahnkreuzungsvorschriften für fremde Starkstromanlagen« (B.K.V.) vom 28. November 1921, herausgegeben von der Deutschen Reichsbahn.

In diesen Vorschriften kommt für Betonmaste speziell folgender Absatz in Frage:

§ 22, Abs. c): Für Maste aus anderen Baustoffen (z. B. Beton) und solche besonderer Bauart gelten besondere Vorschriften.

B. »Vorschriften für die bruchsichere Führung von Hochspannungsleitungen über Postleitungen« (Telegr.- und Fernleitungen der Deutschen Reichspost), herausgegeben vom Reichspostministerium im Juni 1924.

In diesen Vorschriften kommen für Betonmaste folgende Absätze speziell in Frage:

Abschnitt d Ziffer 25: Die Maste können aus Flußeisen, Eisenbeton oder aus Holzstangen hergestellt werden. Die Querträger aus Flußeisen oder Eisenbeton, die Stützen aus Flußeisen oder Stahl.

Ziffer 29: Maste und Querträger aus Eisenbeton dürfen nur in den von der Reichspost zugelassenen Ausführungen verwendet werden.

C. Auszug aus den »Vorschriften für die Kreuzung von Reichswasserstraßen durch fremde Starkstromanlagen (W. K.V./1929)« vom 30. Dezember 1927.

Aus diesen Bestimmungen kommen für Eisenbetonmaste folgende Teile speziell in Frage:

Vorläufige technische Vorschriften Abs. C, Ziffer 3:

Maste aus Eisenbeton, die nach den nachstehenden besonderen Bedingungen (vgl. Anlage 4) hergestellt sind, sind zulässig.

Anlage 4: Besondere Bedingungen für die Berechnung, Herstellung, Lieferung und Aufstellung von Eisenbetonmasten bei Kreuzung von Reichswasserstraßen durch fremde Starkstromanlagen:

1. Für Eisenbetonmaste gelten im allgemeinen die »Vorschriften für die Kreuzung von Reichswasserstraßen durch fremde Starkstromanlagen W.K.V./1929«.
2. Eisenbetonmaste müssen fabrikmäßig von geschulten Arbeitern und aus anerkannt guten Baustoffen hergestellt werden.
3. Sie bleiben bei Verwendung normalen Zements zunächst mindestens 24 Stunden in der Schalung, sind darauf 3 Wochen in feuchtem Sande vor starkem Austrocknen und vor Frost geschützt zu lagern und dürfen vor insgesamt vier-

wöchiger Erhärtung nicht verladen und vor insgesamt sechswöchiger Erhärtung nicht mit den Leitungen belegt werden. Bei Verwendung hochwertigen Zements, der nach 3 Tagen (1 Tag in feuchter Luft, 2 Tage unter Wasser) in der Mischung 1 Gewichtsteil Zement + 3 Gewichtsteile Normensand + Wasser = 8% der Gewichtsteile des trockenen Gemenges eine Druckfestigkeit von mindestens 250 kg/cm² hat, dürfen diese Fristen auf die Hälfte verkürzt werden.

4. Über jeden Eisenbetonmast ist ein Ursprungszeugnis einzureichen, das über folgende Punkte Auskunft geben muß:
   a) Hersteller, Fertignummer, Art der Herstellung, Tag der Herstellung, der Verladung und die Belegung mit den Leitungen;
   b) Mischungsverhältnis des Betons, Art und Herkunft der Zuschlagstoffe, Druckfestigkeit der nach den Bestimmungen für Druckversuche, aufgestellt vom Deutschen Ausschuß für Eisenbeton, erdfeucht gestampften Betonwürfel von 20 cm Seitenlänge nach 28tägiger Erhärtung;
   c) Eisensorte der Eiseneinlagen, Spannung an der Streck- und Bruchgrenze und Bruchdehnung der Eiseneinlagen;
   d) Nachweis etwaiger Biegeversuche an Masten der Lieferung oder an anderen Masten gleicher Abmessungen.
5. Die Eisenbetonmaste sind ohne Berücksichtigung der Zugspannungen des Betons zu bemessen. Auf besonderes Verlangen sind die auftretenden Betonzugspannungen nachzuweisen.
6. Werden Doppelmaste verwendet, so sind sie durch kräftige Eisenbetonverbindungen so miteinander zu verbinden, daß sie gemeinsam wirken.
7. Für gestampfte Eisenbetonmaste und -querträger gelten im allgemeinen die amtlichen Bestimmungen für die Ausführung von Bauwerken aus Eisenbeton, aufgestellt vom Deutschen Ausschuß für Eisenbeton; jedoch darf der Beton auf Druck mit $^1/_5$ der nach Ziffer 4b) nachzuweisenden Druckfestigkeit beansprucht werden.
8. Für Schleuderbetonmaste und geschleuderte Querträger gelten folgende besondere Bestimmungen:
   a) Die Eiseneinlagen sind aus einer Längsbewehrung von Rundeisenstäben, die im allgemeinen auf einem Kreis gleichmäßig zu verteilen sind und aus einer 3fachen Spiraldrahtbewehrung zu bilden. Eine ungleichmäßige Verteilung der Längseisen ist durch deutlich sichtbare und unverrückbare Marken, die auf der Achse des größten Trägheitsmomentes, also an den Stellen mit der geringsten Eisenbewehrung, anzubringen sind, kenntlich zu machen. Von den drei Spiralen sind zwei mit entgegengesetzter Windung außerhalb, die dritte innerhalb der Längseisen anzuordnen. Die Spiralen müssen mindestens 1 cm mit Beton überdeckt sein;
   b) Die für Schleuderbetonmaste verwendeten Baustoffe (Beton und Eisen) dürfen überall mit Ausnahme der Stelle eines handgestampften Stoßes für die vorgeschriebene Belastung mit dem dritten Teil der im Ursprungszeugnis nachgewiesenen Bruchfestigkeit beansprucht werden. Für einen handgestampften Stoß darf die Beanspruchung nur den vierten Teil der nachgewiesenen Bruchfestigkeit betragen.
9. Für Eisenbetonmaste, die nach dem Rüttelverfahren hergestellt sind, gelten sinngemäß die unter 8 b) gegebenen Bestimmungen.

Sondervorschriften von Landes- oder Kommunalbehörden existieren in Deutschland, soweit bekannt, an keiner Stelle mehr und würden im Einzelfall heute wohl unter Berufung auf die angeführten allgemein gültigen Bestimmungen zu Fall gebracht werden können.

Nach den angeführten Vorschriften kann nun unter Berücksichtigung der örtlichen Verhältnisse der Baustrecke der Winddruck von Masten, Traversen, Isolatoren und Leitungen und damit der Spitzenzug des Mastes in der bekannten Weise errechnet werden. Für die Spezialmaste ist dabei außerdem noch der Leitungszug im Winkel oder in der Leitungsrichtung ebenfalls nach den Vorschriften anzusetzen. Es ergeben sich damit Maste von verschiedener Art, über welche im einzelnen das Folgende gesagt werden kann.

1. Leichtmaste.

Als solche gelten im allgemeinen Maste von nicht mehr als 15 m Länge und 250 kg Spitzenzug. Für diese Maste, die in Leitungen mittlerer Spannung bis etwa 20 kV auch als Ersatz für Holzmaste sich immer mehr einführen [1]), muß bei der Berechnung berücksichtigt werden, daß hier der nach den Vorschriften errechnete Spitzenzug gewöhnlich für die statische Berechnung nicht zugrunde gelegt werden kann, sondern daß allgemein die Rücksicht auf die Transportfähigkeit des Mastes schon eine stärkere Bemessung erfordert.

Diese letztere bildet also die Grenze für Abmessungen und Gewichte der Schleuderbetonmaste nach unten. Der Mast muß ungefährdet transportiert werden können, auch wenn seine spätere Belastung geringer ist, als die hierbei eintretende. Ein transportfähiger Mast muß die freischwebende Aufhängung in seinem Schwerpunkt trotz der eintretenden oft großen Durchbiegung aushalten, ohne Risse oder sonstige Schäden zu bekommen. Unter Ansehung dieser Verhältnisse kann gesagt werden, daß die mit Rücksicht auf den Transport schwächst bemessenen Maste je nach der Länge von vornherein für einen Spitzenzug von 100—150 kg geeignet sind, einen Betrag also, welcher über dem für schwach belegte Leitungen niederer Spannungen erforderlichen liegt. Hierin ist also, gerade für solche Leitungen, noch eine besondere Sicherheit enthalten, welche sich bei Stürmen, Rauhreif und anderen abnormalen Belastungen als weiterer Vorteil des Betonmastes auswirkt, indem auch hierbei sehr zum Unterschied von Holz- oder Gittermastleitungen Mastbrüche nie auftreten.

Die leichtesten bekannt gewordenen Schleuderbeton-Leichtmaste sind in Italien gefertigt worden (Abb. 92, S. 99). Sie sind 9 m lang, für 100 kg Spitzenzug berechnet und haben bei einer Zopfstärke von nur 90 mm ein Gewicht von 340 kg. Bei Versuchen haben sie eine Bruchlast von 400 kg erreicht. Sie waren für eine Telephonleitung in Oberitalien bestimmt.

[1]) Vgl. 9. Kapitel.

2. Maste normaler Größen.

Diese werden gewöhnlich als Spezialmaste für leichtere (Abb. 28, 56) oder als Tragmaste für schwerere Leitungen verwendet. Sie werden heute in Abmessungen bis zu 26 m Länge in einem Stück hergestellt und für Spitzenzüge (je nach der Länge) bis über 2000 kg. Die meist verwendeten Größen liegen heute zwischen 17 und 23 m Länge und Spitzenbezügen von 250—1000 kg. Die Abbildungen des 1. Kapitels zeigen mehrere Beispiele hiervon.

Sind längere Maste erforderlich, als sie hergestellt oder transportiert werden können,

Abb. 57.

Abb. 58.

so werden sie in 2 Stücken angeliefert und diese an Ort und Stelle zusammengesetzt. Die gegenüberstehenden Enden haben hierzu auf eine Länge von 1—2 m vorstehende Armierungseisen, die ineinandergeschoben und zur Verflechtung mit Armierungsspiralen von Hand bewickelt werden. Mittels einer Hilfsschalung wird das fehlende Stück mit Zementmörtel von gleicher oder fetterer Mischung als die der Maste ausgegossen und nach 8—10 Tagen entschalt. Der Mast ist dann verwendungsfertig. Das Verbindungsstück ist natürlich nicht hohl. Dieses Vorgehen ist schon öfter und mit Erfolg angewandt worden.

Die gleichen Maste in schwereren Ausführungen, d. h. stärker armiert und meist mit größeren Durchmessern können selbstverständlich als Winkel-, Abspann- und Endmaste dienen, soweit es möglich ist, sie für die erforderlichen Spitzenzüge noch einstielig auszuführen. Die obere Grenze für einstielige Maste liegt bei einem Nutzmoment von 50000 kgm an der Einspannstelle. Ist dies nicht mehr der Fall, so greift man zur Ausführung als

3. Doppelmaste.

Hierbei wird das Stützbauwerk aus 2 Betonmasten gebildet, welche durch Eisenbeton-Zwischenstücke in solcher Weise fest miteinander verbunden sind, daß sie, auch in der Richtung ihrer gemeinsamen Mittelebene, statisch als ein einheitlicher Körper wirken. Die Abb. 57 und 58 lassen den Aufbau des Mastes und die verwendeten Verbindungsstücke deutlich erkennen. In Abb. 58 sind im oberen Teil die Traversen selbst als Verbindungsstücke ausgebildet, in Abb. 57 sind die Schleudertraversen durch die Verbindungsstücke durchgesteckt. Die beiden Abbildungen lassen auch erkennen, wie man stets die gemeinsame Mittelebene, also die Achse des größeren Trägheitsmomentes, in die Richtung der größten Beanspruchung legt, d. h. also bei einem Winkelmast in die Mittellinie des Winkels, bei einem Abspannmast in Leitungsrichtung. Abb. 58 zeigt einen in Italien ausgeführten Abspannmast mit der dort üblichen eigenartig profilierten Traversenform.

Abb. 59.

4. Endlich kommen noch als Sonderausführungen Abzweigmaste, Kabelendmaste u. dgl. vor, von welchen Abb. 59 ein Beispiel einer größeren Ausführung zeigt (vgl. auch 10. Kapitel).

Die Ausrüstung der Maste mit Stützen bzw. Traversen war aus den vorangegangenen Abbildungen zum größten Teil schon zu ersehen.

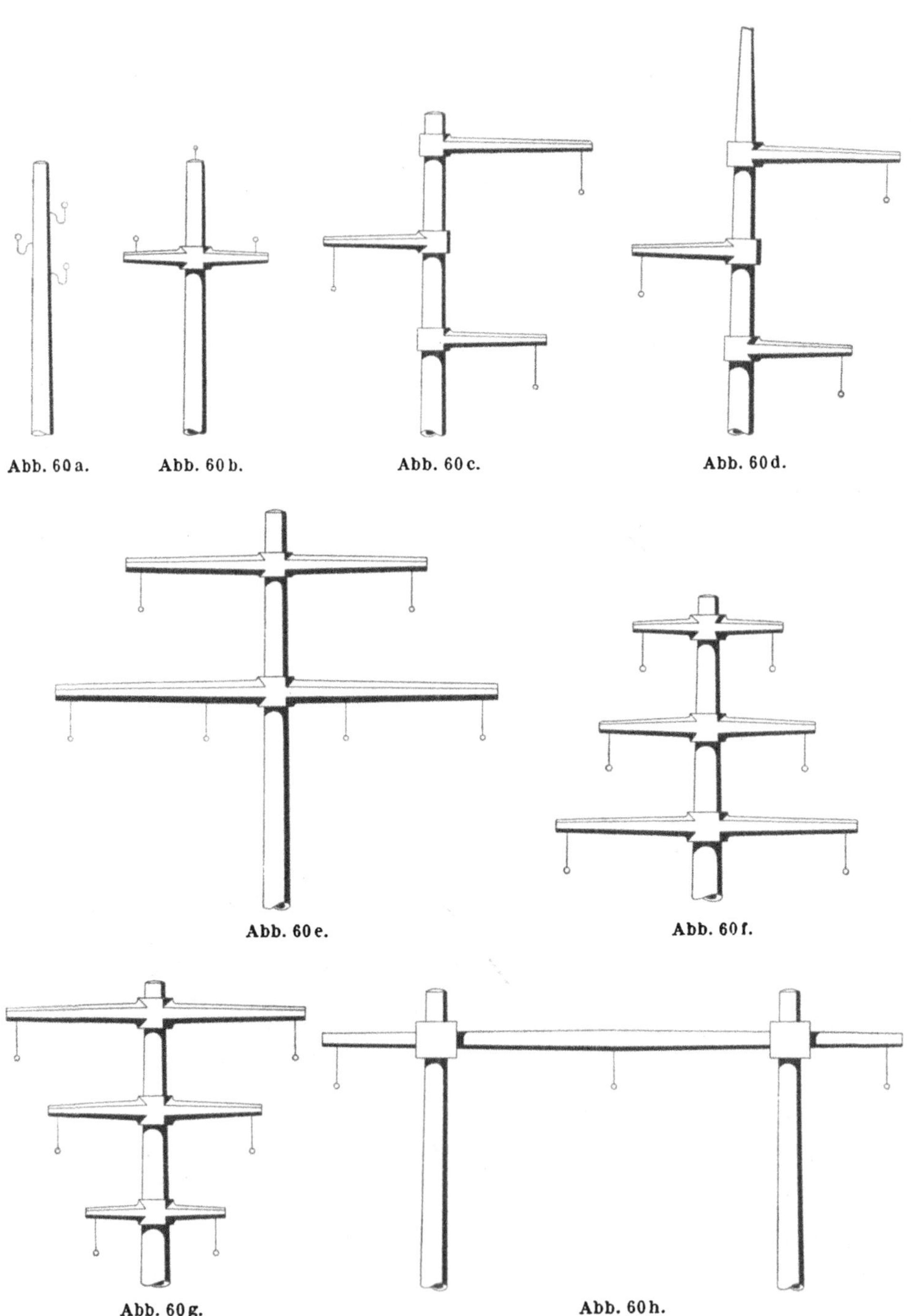

Abb. 60a. Abb. 60b. Abb. 60c. Abb. 60d.

Abb. 60e. Abb. 60f.

Abb. 60g. Abb. 60h.

Man erkennt daraus, daß bei Betonmasten alle auch bei anderen Masten üblichen Mastkopfbilder, Leitungsanordnungen und Isolatorenarten anwendbar sind. Eine Zusammenstellung der meist gebrauchten Mastkopfbilder bringt Abb. 60. Alle darin gezeichneten Anordnungen, mit Ausnahme von Bild 1 und 2 können natürlich ebensogut für Stützisolatoren wie für Hängeisolatoren verwendet werden. Bei allen, mit Ausnahme von Bild 2 können außerdem Erdseilträger angebracht werden, wie beispielsweise auf Bild 4 dargestellt. Früher wurden diese oft besonders hergestellt und aufgesetzt. Auch Abb. 20 zeigt diese Ausführung in einem formal sehr ansprechenden Beispiel. Heute wird das Mastende selbst meist als Erdseilträger benützt, d. h. die oberste Traverse entsprechend tiefer gesetzt, wie auf Abb. 61 und 62 dargestellt. Die erste Ausführung (Abb. 61) zeigt eine Mastkappe, bei deren Fortlassung (Abb. 62) das Mastende leicht etwas plump wirkt. Man verjüngt deshalb neuerdings das als Blitzseilträger dienende Mastende stärker, wodurch wie Abb. 18 zeigt, eine gefällige Wirkung erreicht wird. In allen Fällen wird die Erdklemme an überstehenden Armierungsstäben auf der Mastspitze verschraubt.

Abb. 61.

Die Frage, ob die Schleuderbetonmaste für sich eine Erdung nötig haben oder nicht, hat in den ersten Jahren ihrer Anwendung eine große Rolle gespielt. Sie ist dahin zu präzisieren, ob das Armierungsgerippe einerseits genügend dagegen geschützt ist, durch Berührung mit den Leitern infolge Isolatorenfehlern od. dgl. oder durch atmosphärische Elektrizität eine Spannung anzunehmen, und ob andererseits die Betondeckschicht auf dem Armierungsgerippe einen genügenden Isolationsschutz gewährt, wenn das Gerippe unter Spannung kommt. In einfachster Ausdrucksweise wurde diese Frage in den Verhandlungen der Erdungskommission des VDE (1921—22) dahin ausgesprochen, »ob Schleuderbetonmaste hinsichtlich der Notwendigkeit einer Erdung den Holzmasten oder den

Eisenmasten gleichzustellen seien«. Die Leitsätze, welche auf Grund dieser Verhandlungen im Mai 1922 herauskamen, haben sie folgendermaßen beantwortet:

»Eisenbetonmaste sind wie Holzmaste zu behandeln, wenn (!) mit Sicherheit dafür gesorgt ist, daß die Isolatorenträger mit den Eiseneinlagen nicht in metallische Verbindung kommen können; sonst wie Eisenmaste.«

Der zweite Teil der Frage (nach der Isolierfähigkeit der Betondeckschicht) ist also durch diese Fassung übergangen, da man sich damals nicht darauf festlegen wollte, den Beton unter allen Umständen (Durchtränken mit Feuchtigkeit) als genügend isolierend anzusehen. Die aufgestellte Forderung, daß die Isolatorenträger mit den Eiseneinlagen nicht in metallische Verbindung kommen können, ist ja eigentlich stets ohne weiteres erfüllt, denn ein Betonmast, dessen Eiseneinlagen, wie es hierzu nötig wäre, irgendwie an die Oberfläche treten, wäre ohnehin als unbrauchbar zu verwerfen. Erhöht wird diese Sicherheit noch dadurch, daß heute bei Schleuderbetonmasten wohl fast ausschließlich (wenigstens in Deutschland) auch die Traversen (Ausleger) aus Beton hergestellt werden, und die Armierungseisen dieser Ausleger ihrerseits nirgends Verbindung mit denen im Innern des Mastes selbst haben. Die praktischen Erfahrungen haben denn auch inzwischen ergeben, daß mit Rücksicht auf die Berührungsgefahr eine Erdung der Schleuderbetonmaste in der Tat nicht nötig ist, und sie wird heute in diesem Sinne wohl nirgends mehr angewandt.

Abb. 62.

Hinsichtlich der Gefahren atmosphärischer Spannung für die Armierung der Betonmaste und deren Haltbarkeit ist man zu dem gleichen Ergebnis gekommen. Auch diese Frage war anfangs umstritten. So ist z. B. einem Bericht (Lit. 73) aus dem Jahre 1911 folgendes zu entnehmen: In die etwa 50 km lange Leitung eines Kraftwerkes bei Marseille, Ill.

(U.S.A.) wurden im Jahre 1907 zu Versuchszwecken eine Anzahl Holzmaste neben den sonst verwendeten Eisenbetonmasten eingebaut. Schon im Jahre 1910 war der größte Teil der Holzmaste durch Blitz zerstört, während die Eisenbetonmaste bis auf einen, der auch nur geringe Beschädigung aufwies, vollkommen heil geblieben waren, so daß in den neuen Leitungsanlagen ausschließlich Eisenbetonmaste verwendet wurden.

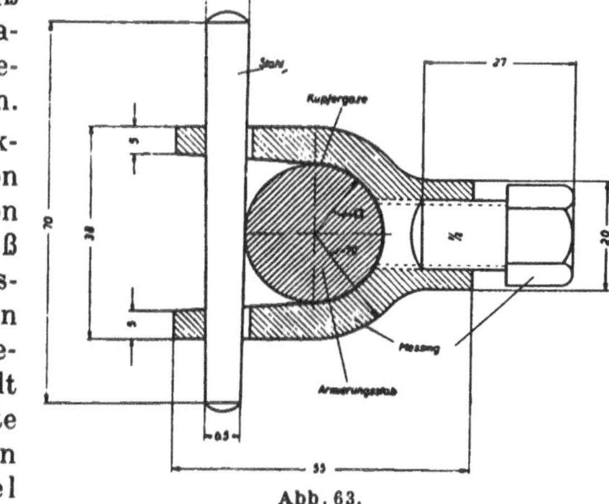

Abb. 63.

Über den Einfluß elektrischen Stromes auf Beton wurden im übrigen schon im Jahre 1910 von Bloß unter Mitarbeit von Professor Kübler der Technischen Hochschule Dresden eingehende Versuche angestellt (Lit. 74). Die vollständigste Untersuchung der ganzen Frage bringt Kleinlogel (Lit. 75) unter »Blitz« und »Elektrizität«, woselbst auch reichhaltige weitere Literaturangaben sich finden. Man kann als ihre Hauptergebnisse ansehen:

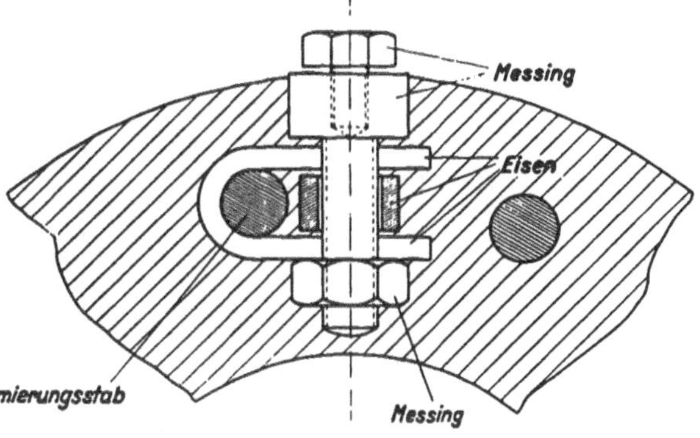

Abb. 64.

1. Blitzschläge sind für Betonmaste ungefährlich,
2. Stromfluß durch die Armierung kann das Betongefüge schädigen (Elektrolyse, Rostgefahr), von solchen Schäden ist jedoch bei Betonmasten praktisch so gut wie nichts beobachtet worden.

Es ist daher einerseits ein besonderer Schutz der Betonmaste durch Erdung des Gerippes ebensowenig wie bei anderen Eisenbetonbauten nötig (Lit. 75 unter »Elektrizität« am Ende, Ziff. 7), ja nicht einmal empfehlenswert, andererseits gegen die Verwendung des Gerippes zur Erdung des Erdseiles nichts einzuwenden.

Die ganze Frage ist im übrigen bei denjenigen Leitungen, welche mit einem Erdseil versehen sind, also wohl der Mehrzahl der heute üblichen Leitungen, ohnehin gegenstandslos, weil in diesem Falle für die Erdung des Erdseiles das Armierungsgerippe des Mastes selbst herangezogen, also seinerseits mitgeerdet wird. Die Anordnung ist dabei im allgemeinen so, daß das Erdseil bzw. die am oberen Ende des Mastes angebrachte Erdseilklemme mit wenigstens *einem* durchgehenden Längsstab in leitende Verbindung gebracht wird und das untere Ende des gleichen Längsstabes mit der Erdplatte. Zur Verbindung des Stabes mit dem Kabel der Erdplatte werden sog. Erdungsdübel oder Kontaktstücke von verschiedener Konstruktion verwendet.

Abb. 63 zeigt den Erdungsdübel der Beton-Schleuderwerke A.G., Erlangen; Abb. 64 das Kontaktstück von Dyckerhoff & Widmann, Cossebaude, Abb. 65 die Erdungsklemme der italienischen S.C.A.C., Trient. Bei der schwedischen Leitung Trollhättan-Stockholm wurden übrigens die Kontaktstücke nicht an Längsstäbe, sondern an die Spiralarmierung angeschlossen und damit gute Erfahrungen gemacht. Der Erdungswiderstand der Maste soll 0,2 Ohm gewesen sein (Lit. 3, S. 87/88, vgl. S. 22).

Im übrigen werden die allgemein verlangten Erdungswiderstände (von unter 10 Ohm, manche Werke schreiben sogar 1,5 Ohm vor) bei Betonmasten leicht erreicht. Wenn man bedenkt, daß nicht nur der angeschlossene Armierungsstab, sondern infolge der innigen Verbindung durch die Spiralarmierung das ganze Metallgerippe mit angeschlossen ist, nimmt diese Tatsache nicht Wunder.

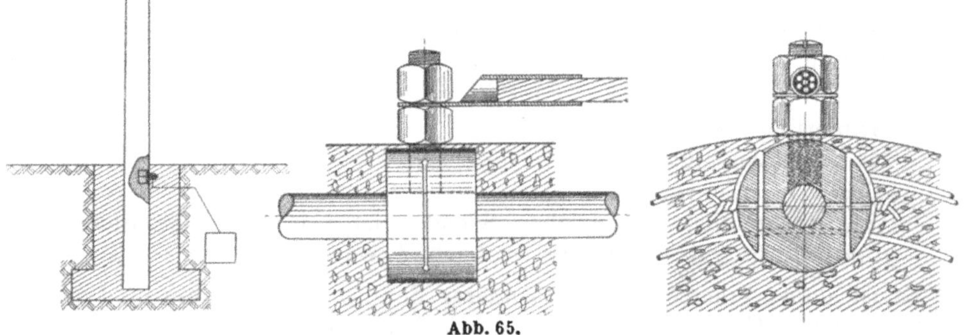

Abb. 65.

Die Ausbildung der Erdung selbst ist bei Schleuderbetonmasten die gleiche wie bei Stahlmasten. Das Erdungskabel wird bei Betonfundamenten durch ein Schutzrohr (Gasrohr) zur Erdplatte geführt und mit dieser gut verbunden. Die Ausrüstung der Maste umfaßt weiterhin die Einrichtung zur Anbringung der Isolatoren.

Für gebogene Stützen werden durchgehende Löcher in dem Mast eingeschleudert (Einlage von Kernen in die Schalung), wie auf Abb. 66 dargestellt, in die die Stützen eingesetzt werden.

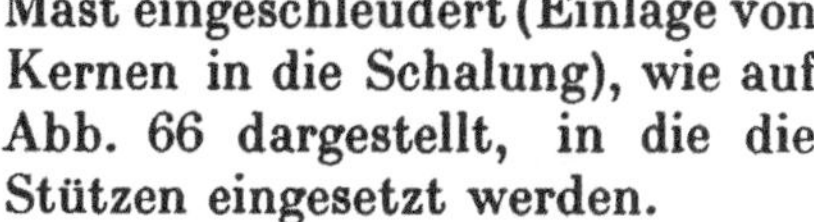

Hängeisolatoren erfordern Traversen. Diese werden heute vorwiegend aus Eisenbeton gewählt. Von der früher üblichen Verwendung eiserner Traversen (vgl. z. B. Abb. 55) ist man fast ganz abgekommen, weil sie ja eine unlogische Prinzipdurchbrechung bedeuten (Anstrich!).

Über die Konstruktion der Traversen selbst ist nicht viel zu sagen. Ihre Formgebung ist im wesentlichen eine Geschmacksfrage, die denn auch in verschiedenen Zeiten und verschiedenen Ländern verschieden gelöst wurde. In Deutschland hat sich heute neben der für große Masten natürlich in

Abb. 66.

Abb. 67.

erster Linie in Frage kommenden geschleuderten Traverse diejenige mit Achteckquerschnitt am meisten durchgesetzt, welche am besten auf Abb. 68 zu erkennen ist. Der Beton mit seiner plastischen Bildsam-

Abb. 68.

keit ermöglicht fast jede Formgebung und bietet daher dem Konstrukteur in ästhetischer Beziehung weit größere Möglichkeiten als bei Gittermasten. Die vielen verschiedenen Ausführungsarten der vorhergehenden Abbildungen zeigen dies deutlich.

Abb. 69.

Die Traversen werden des leichteren Verladens und Transportes wegen erst an Ort und Stelle am Mast angebracht. Der Vorgang dabei ist der folgende:

Der Mast wird auf Böcken gut gelagert und an den Stellen, wo die Traversen sitzen sollen, leicht aufgerauht. Hierauf wird von der

Spitze aus die unterste Traverse und sodann die weiteren über den Mast geschoben, wobei die Böcke entsprechend versetzt werden müssen. Nachdem der Traversenarm mittels Lattenkreuz in horizontale Lage gebracht wurde, wird die Traversenmuffe mit Holzkeilen auf den Mast leicht und zentrisch aufgekeilt, so daß die Vergußfuge zwischen Mast und Muffe überall gleichstark wird. Die übrigen Traversen werden in gleicher Weise behandelt, wobei durch Unterschieben von Böcken für die Entlastung der Mastspitze zu sorgen ist. Jetzt wird mittels Lehm die Vergußfuge beiderseitig abgedichtet bis auf je eine Eingußöffnung an der Oberseite (ein sog. Schwalbennest). In diese Eingußöffnung wird flüssiger Portlandzementmörtel (1 Teil Zement : 2 Teile scharfkörniger Sand) eingefüllt, bis er anstehen bleibt. Zur Entlüftung dient dabei ein in der Muffe vorgesehenes Loch. Am nächsten Tage werden die Lehmkränze entfernt und die Fugen glattgestrichen. Die Lattenkreuze an den Traversenarmen dürfen nicht vor Ablauf von drei Tagen entfernt werden.

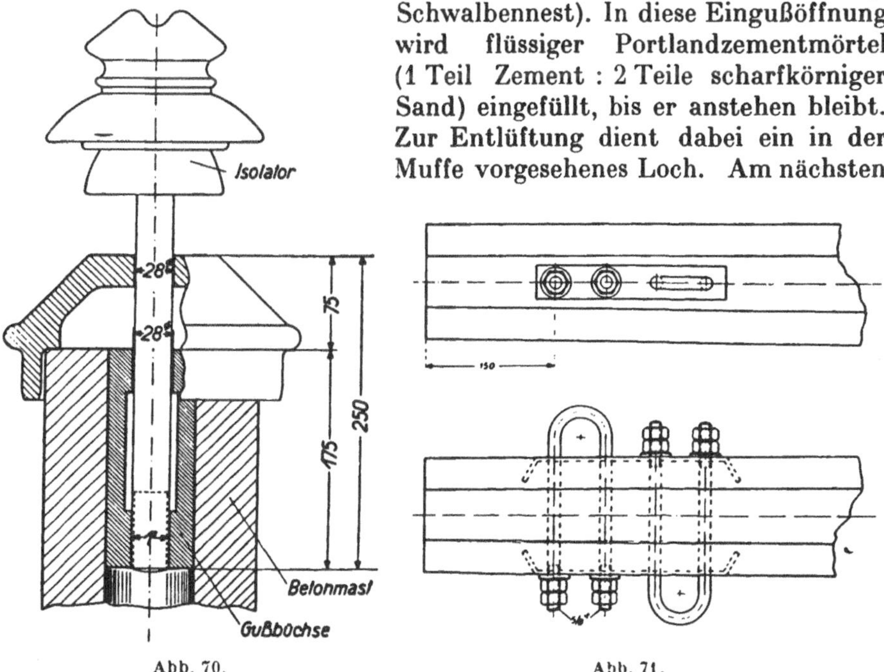

Abb. 70. Abb. 71.

Abb. 67 zeigt diese Arbeiten sehr deutlich und Abb. 68 den zum Aufrichten fertigen Mast mit der bereits daran befestigten Strickleiter zum Besteigen beim Fortgang der Montage (vgl. S. 104 ff).

Abb. 69 führt das hiervon nicht wesentlich abweichende Ausrüsten eines Mastes mit geschleuderten Traversen vor. Aus ihr ist auch die Form der Verbindungsstücke gut zu erkennen. Der Vorgang des Vergießens ist genau der gleiche.

Die Art der Befestigung von Stützisolatoren an der Mastspitze bei Anordnung der Leitungen nach Mastkopfbild 2, S. 74, ist aus Abb. 70, die der Hängeisolatoren mittels sog. Isolatorenkästchen aus Abb. 71 ersichtlich.

Ebenso wie die Traversen werden die Verbindungsstücke bei Doppelmasten montiert. Auch Portale werden nach Vornahme der entsprechenden Arbeiten dieser Art gewöhnlich im ganzen aufgerichtet. Eine andere Art der Montage wird später beschrieben (5. Kap.).

Bei allen diesen Arbeiten ist auf die Witterung zu achten, damit der Vergußbeton gut abbinden kann.

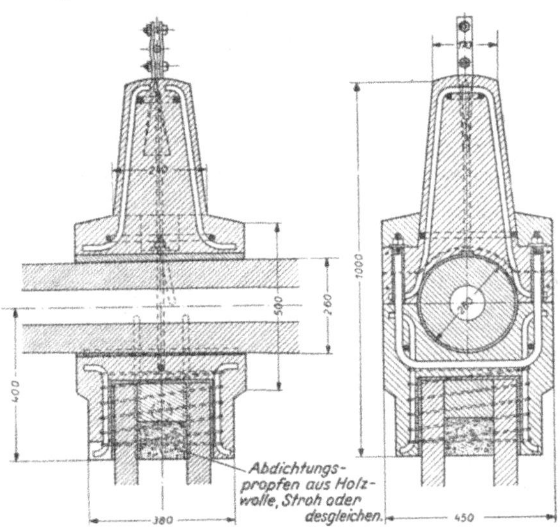

Abb. 72.

Abb. 72 zeigt endlich noch die bei der schwedischen Trollhättan-Leitung (Abb. 25) für die Portaltraversen ausgeführte Spezialkonstruktion der Verbindungsstücke. Sie stellen ein in allen seinen Teilen als Verbundkörper durchkonstruiertes Lager dar, bestehend aus unterer Schale und Haube. Nachdem die Schale auf dem Mastende durch Zementverguß in der beschriebenen Weise befestigt ist, wird die Traverse in sie eingelegt, mit Zementmörtel umgossen und die Haube aufgesetzt. Die zu ihrer Befestigung dienenden Schraubenmuttern erhalten endlich zum Rostschutz noch eine Überdeckung mit Zementmörtel. Die Haube trägt auch den Blitzseilträger, der metallisch mit den Armierungseisen der Verbindungsstücke ebenso verbunden ist, wie diese in der aus der Abbildung ersichtlichen Art mit der Mastarmierungsspirale.

(Lit.-Übersicht s. am Ende des 7. Kapitels.)

IV. Der Transport der Schleuderbetonmaste.

Betonmaste haben ein größeres Gewicht als Stahl- und Holzmaste für gleichen Spitzenzug. Anfangs und noch bis in die jüngsten Jahre hinein hat dieser Umstand oft Veranlassung zu Bedenken gegen ihre Verwendung gegeben. Es mag zugestanden werden, daß noch vor 10 Jahren die bei den Betonmasten zu bewegenden Gewichte im Leitungsbau als ungewöhnlich gelten konnten. Die Anschauungen hierüber haben sich aber geändert, seitdem der Bau von 100-kV-Leitungen zu den normalen Aufgaben gehört, für die sich die Baufirmen wohl allgemein mit den in ihrer Stabilität und Wirtschaftlichkeit inzwischen auch sehr verbesserten Transportgeräten versehen haben. Für den Bahntransport der Betonmaste ist in Deutschland ein Sondertarif durchgesetzt worden, so daß die Frachtkosten in erträglichen Grenzen liegen. Schwierigkeiten infolge des Gewichtes bestehen also heute, zumal die Maste auch selbst immer leichter konstruiert werden konnten, nicht mehr.

Abb. 73 gibt einen Anhalt für die normalerweise bei einstieligen Masten zu erwartenden Gewichte. Für die Behandlung des Transportes und des Stellens soll gemäß den Grenzen dieser Abbildung unterschieden werden zwischen Leichtmasten, das sind alle Masten unter 2 t Gewicht, deren Länge 14—15 m selten überschreitet, und Normalmasten, worunter in diesem Zusammenhang alle übrigen Maste verstanden werden sollen (vgl. S. 73). Für die ersteren genügen in vieler Hinsicht einfachere Geräte und Methoden.

1. Bahntransport.

Für ganz kurze Maste können die gewöhnlichen Plattformwagen der Reichsbahn für 15 t Ladegewicht (Ladelänge etwa 13 m) oder 35 t Ladegewicht (Ladelänge etwa 15 m) verwendet werden. Die gleichen Fahrzeuge mit angehängtem Schutzwagen können auch noch für Maste von 17—18 m Länge dienen. Darüber hinaus benützt man SS-Wagen, welche aus 2 Teilen bestehen und daher für alle Längen ausreichen. Die größte Länge, die einzeln verladene Maste nicht überschreiten dürfen, beträgt mit Rücksicht auf das Profil in Kurven etwa 32 m. Bei der Verladung mehrerer Maste nebeneinander ist sie stufenweise etwas geringer, doch kann man noch Maste von etwa 25 m in solcher Zahl verladen, daß die Tragfähigkeit der Spezialwaggons voll ausgenützt wird.

Das Aufladen erfolgt im Herstellungswerk mittels Kran in Schichten, zwischen die man Holzbohlen von 4—5 cm Stärke zur Schonung der Maste und zur Bequemlichkeit beim Abladen legt. Gegen seitliches Rollen und Verschieben in der Fahrtrichtung dienen Holzkeile, bei mehreren Schichten ist auch eine Verschnürung des Stapels empfehlenswert. Auf diese Art können je nachdem Einzelgewicht der Maste

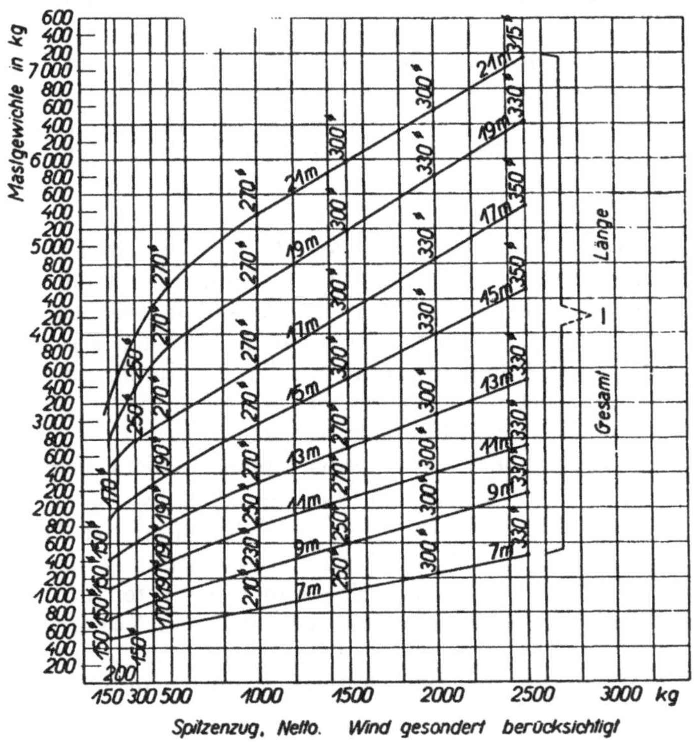

Abb. 73.

4—5 Schichten untergebracht werden und die obengenannten Spezialfahrzeuge unter Umständen bis zu 40 Leichtmaste aufnehmen. In allen Fällen muß darauf geachtet werden, daß die Maste und zwischengelegten Bohlen durchaus festliegen, damit auch bei den stärksten der im Rangierbetrieb unvermeidlichen Stöße keine Verschiebung der Ladungen vorkommt, durch die Maste und Fahrzeuge schwer beschädigt werden können.

Das Zubehör (Traversen, Verbindungsstücke usw.) wird meist auf Rungenwagen für sich verladen, da es auf den Mastspezialwagen keinen

Platz findet (vgl. über Ladepläne das 7. Kap., S. 123). Auch die Zubehörteile sind mittels Keilen und tunlichst noch durch Umwicklung mit Strohseilen festzulegen.

Abb. 74 zeigt leichte und schwere Maste mit Zubehör auf Waggons verschiedener Art verladen.

Abb. 74.

2. Ab- und Umladen von Bahnwagen.

Wo Krane von ausreichender Tragkraft vorhanden sind, ist das Abladen und Umladen einfach. Hierzu wird der Mast im Schwerpunkt gefaßt. Die Lage des Schwerpunktes kann zweckmäßig bereits beim Verladen durch Farbstift markiert werden, um später längeres Probieren zu vermeiden. Der Schwerpunkt liegt übrigens bei Masten gleicher Länge ziemlich genau immer an der gleichen Stelle, gleich wie ihr Durchmesser ist. Zum Aufheben der Maste dienen in den Kranhaken eingehängte Ketten, wobei man durch untergelegte Hölzer, Matten oder durch Umwickeln der Ketten mit Strohseilen Beschädigungen der Oberfläche vermeidet. Zweckmäßig sind auch kleine aus Holzlatten mit Drahtbindung gebildete Matten. Noch besser ist es, statt der Ketten Schleifen aus 40—60 mm starkem Hanftau zu verwenden. Noch sicherer läßt sich der Mast fassen, wenn die Tauschleifen oder Ketten wie in Abb. 100 gespreizt werden. Durch ein Leitseil am einen Ende des Mastes wird die Arbeit beim Fahren des Kranes und beim Niederlegen sehr erleichtert und der Mast vor unsanftem Anprallen geschützt.

Auf kleineren Stationen sind Krane jedoch nur selten vorhanden, und hier kommt ausschließlich das Rollen der Maste in Betracht, wobei ihre runde Form besonders angenehm ist. Beim Kanten anderer Betonmaste sind Beschädigungen der Oberfläche, die ohnedies nicht so hart wie beim Schleuderbeton ist, fast unvermeidlich. Die Fahrzeuge, auf die umgeladen wird, sind überdies fast immer niedriger als die Reichsbahnwaggons.

Für diese Arbeiten werden 2—3 kräftige Rund- oder Kantholzbohlen von ausreichender Stärke vom Bahnwagen auf das neue Fahrzeug, die Laderampe oder den Erdboden gelegt und nach Bedarf noch durch

Abb. 75.

Böcke usw. unterstützt (Abb. 75). Dringend notwendig ist es aber, die Maste beim Rollen durch umgeschlungene Seile ausreichend zu bremsen und zu leiten. Bei mangelnder Vorsicht kann sowohl der Mast wie das Personal Schaden erleiden, da der runde Mast auf der schiefen Ebene ins Rollen kommt.

Bei Leichtmasten genügt es, an zwei Stellen Seile unterhalb am Waggon auf der Abladeseite zu befestigen und ein- oder zweimal um den abzuladenden Mast zu schlingen, deren anderes Ende die Arbeiter von Hand langsam nachlassen. Bei schwereren Masten ist es zweckmäßig, auf der dem Abladen entgegengesetzten Seite 1,5—2 m lange senkrechte Holzpfosten am Waggon anzubringen, um die das freie Ende des Seiles ein- oder mehrmals geschlungen wird (Abb. 76), um die Reibung zu vergrößern. Auch die zur Befestigung der Rungen dienenden Bolzen können hierzu verwendet werden. Besser noch sollte man von einer einfachen, in Italien gebräuchlichen Vorrichtung Gebrauch machen, die das immer unsichere Führen und Bremsen der Seile von Hand noch stärker sichert. Wie auf Abb. 77 dargestellt, wird auf der dem Abladen entgegengesetzten Längsseite des Waggons ein Pfosten in die am Waggon vorhandenen Führungen passend befestigt und in der Längsrichtung des Wagens verankert. In der anderen Längsrichtung wird ein Flaschen-

Abb. 76.

zug zwischen dem oberen Ende des Pfostens und einem Festpunkt der Wagenplattform eingehängt. Das an der oberen Flasche austretende freie Ende des Seiles, am besten Drahtseil (10—15 mm Durchm.) geht über den Maststapel hinweg nach einem Punkt der Abladeseite der Wagenplattform, wo es befestigt ist. Von dieser so gebildeten

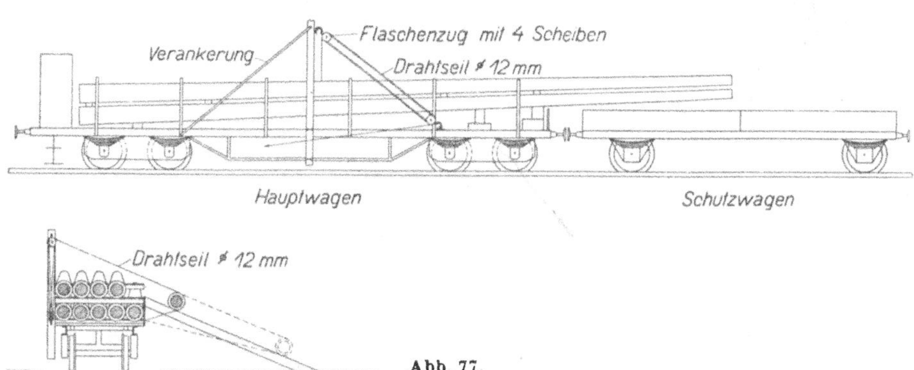

Abb. 77.

Schleife wird der jeweils abrollende Mast gehalten. Mit dem anderen, an der unteren Flasche austretenden freien Ende kann ein Mann das Abrollen auch schwerer Maste leicht dirigieren, wenn die Schleife im Schwerpunkt angreift. Dies ist durch Versetzen des Pfostens leicht erreichbar, oder es können statt dessen zwei solche Vorrichtungen verwendet werden. Für alle Masten von über 2,5—3 t Gewicht sollte diese Vorrichtung genommen werden.

Sind die Hölzer der Rollbahn dicker wie die zwischen den Schichten der Maste auf den Bahnwagen gelegten, so geht es ohne Abheben der Maste nicht ab. Dies geschieht am besten durch Hebel mit eisenbeschlagenen Spitzen. Zahnstangenwinden (Heber) dürfen für diesen Zweck nur unter Beilegen von Schutzhölzern verwendet werden und sollten immer an der äußeren Oberfläche des Mastes, nicht in der Höhlung angreifen.

Abb. 78.

Beim Abrollen auf der Rollbahn macht sich die Konizität des Mastes bemerkbar und muß bei mehreren Halteseilen durch entsprechendes Anhalten und Nachlassen ausgeglichen werden. Beim Halten mit einem Seil im Schwerpunkt hilft man mittels der genannten Hebel an einem Ende des Mastes nach.

Das Umladen auf Fahrzeuge zum Weitertransport geht auf diese Art ungemein rasch. Ist es aber nicht zu umgehen, die Maste zunächst auf den Erdboden zu lagern, so darf man nicht vergessen, die schon liegenden Maste durch Bohlen oder Bretter gegen Beschädigung durch die neu heranrollenden zu schützen. Zum Losmachen des Bremsseiles werden die Maste etwa ½ m vom Schwerpunkt mit Hölzern geeigneter Stärke unterlegt, so daß das Seil frei geht. Ist dies versäumt worden, so kann man sich auch der obengenannten Hebel bedienen.

In der gleichen Weise können Eisenbahnwaggons, wenn dies ja einmal vorkommen sollte, vom Erdboden oder anderen Fahrzeugen aus, auf der schiefen Ebene mit Masten beladen werden. Vorteilhaft bedient man sich hierbei der genannten Flaschenzugeinrichtung oder der in das Stellgerät bzw. den Schlepper eingebauten Windwerke (siehe S. 97).

3. Schiffsverladung.

Bei der selten vorkommenden Schiffsverladung (Abb. 78) gelten die gleichen Prinzipien für das Stapeln und Festlegen der Maste auf dem Fahrzeug. Zum Verladen werden hier wohl stets Krane zur Verfügung sein.

Abb. 79.

4. Transport auf der Straße und im Gelände.

Eine Umladung vom Bahnwagen auf die Fahrzeuge ist für den Weitertransport unvermeidlich. Von hier ab sollten die Fahrzeuge jedoch je nach der Art der zu befahrenden Straßen und Geländeteile so beschaffen sein, daß der Mast unbedingt in einem Zuge bis zum Mastloch gefahren werden kann. Hierüber findet sich im 7. Kapitel das Nähere.

Nach dieser Überlegung wird die Verwendung von Fahrzeugen, welche *nur* für die Landstraße geeignet sind, auf Ausnahmefälle beschränkt bleiben. Man wird vielmehr solchen den Vorzug geben müssen, welche sich durch Vorspann der entsprechenden Zugmittel (Lastauto, Radschlepper, Raupenschlepper oder Pferdegespann) auf den verschiedenen Geländearten nacheinander bewegen lassen, um so alle Vorteile hinsichtlich Geschwindigkeit und Wirtschaftlichkeit voll auszunützen.

Für Leichtmaste sind die allgemein bekannten Langholzfuhrwerke für den Transport auf der Straße und in nicht zu schlechtem Gelände gleichmäßig geeignet, besonders wenn sie mit entsprechend breiten Rädern versehen sind (Abb. 79). Die Verbindung der beiden Teile des Fuhrwerkes geschieht nur durch die Maste selber, die mit Ketten oder Seilen an den Fahrgestellen befestigt werden.

Abb. 80.

Auf der Landstraße wird mit einem, im Gelände meist mit zwei Gespannen ohne weiteres auszukommen sein.

Lastautos können, wie Abb. 80 zeigt, für den Transport kürzerer Maste auch ohne Anhänger benützt werden, wenn sie in der auf Abb. 81 dargestellten Weise mit den erforderlichen Befestigungsvorrichtungen ausgerüstet werden. Diese Transportart wird man wohl nur auf kurvenreichen Straßen, etwa im Gebirge und da, wo ein Weitertransport im Gelände nicht erforderlich ist, anwenden. Ähnlich ist es bei der Verwendung des Lastautos mit Anhänger, obwohl hier der Anhänger zum Weitertransport im Gelände für sich allein herangezogen werden kann. Empfehlenswert ist es, bei dieser Transportart das Lastauto selbst und den Anhänger mit einem Drehlager zu

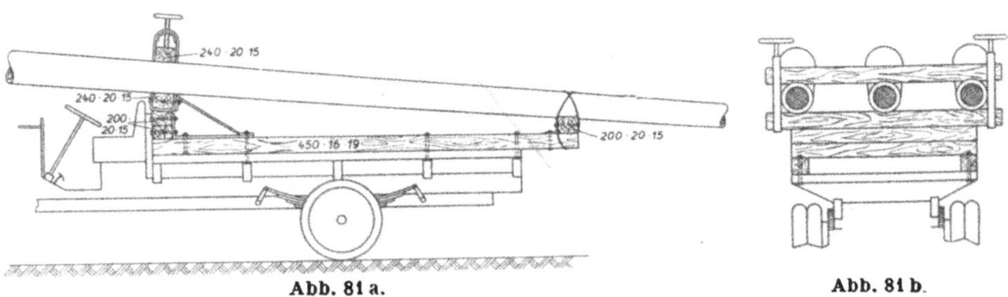
Abb. 81 a. Abb. 81 b.

versehen. Die Maste ruhen auf einem Querholz, das um einen kräftigen Zapfen drehbar ist und beim Drehen auf zwei seitlichen Langhölzern gleitet. Die Berührungsstellen sind beiderseits mit Blech beschlagen und genügend eingefettet. Das Querholz trägt oben Einkerbungen und Bügel zur Befestigung der Maste und ihrer Verschnürung, welche noch durch Keile unterstützt werden kann. Auf diese Art läßt sich eine behelfsmäßige Vorrichtung von ziemlicher Wendigkeit in Kurven mit einfachen Mitteln schaffen.

Für alle anderen Verwendungszwecke sind Spezialfahrzeuge vorzuziehen, die von den geeigneten Vorspannfahrzeugen bzw. Gespannen gezogen werden.

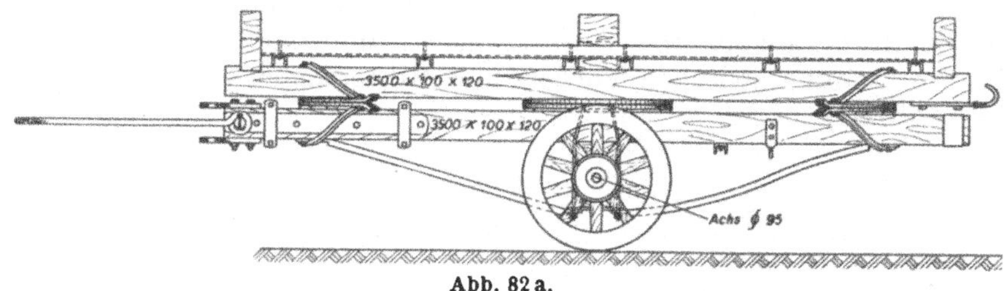

Abb. 82a.

Abb. 82 zeigt ein zweiteiliges Fahrzeug, das für den Transport selbst der schwersten Maste verwendet werden kann. Da auch das Gelände mit diesen Wagen befahren werden soll und man größeren Unebenheiten nicht ausweichen kann, so daß plötzlich sehr kräftige Schläge unvermeidlich sind, müssen die Achsen besonders vorsichtig dimensioniert werden, wenn man nicht bereits nach einigen Fahrten unangenehme Überraschungen erleben will. Man wird den Stahl für diese Bauteile rechnungsmäßig nicht über 450 kg/cm² beanspruchen und so sicher ein Verbiegen der Achsstümpfe vermeiden. Schief stehende Räder wühlen sich bis über die Achsen in den Boden ein, und ein Umladen der Maste wird unvermeidlich. Dieselbe Vorsicht muß in der Wahl der Radgrößen geübt werden. Eine große Bauhöhe des Wagens ist zu vermeiden, um ein standsicheres Fahrzeug zu erhalten und ferner um das Auf- und Abladen zu er-

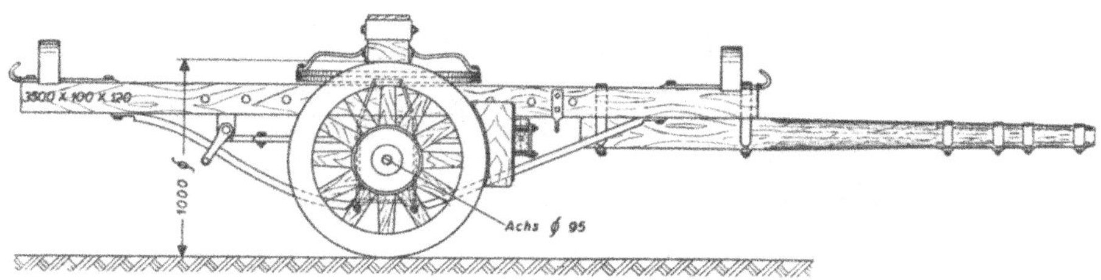

Abb. 82b.

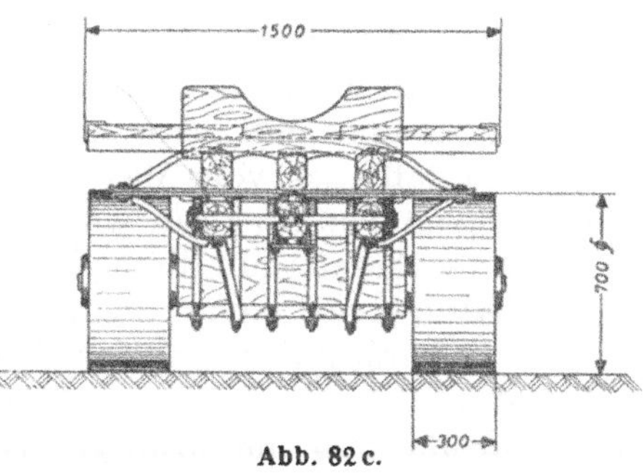

Abb. 82c.

leichtern. Kleine Räder schieben dagegen besonders im weichen Boden das Erdreich vor sich her und graben sich tief ein. Eine Radhöhe von 90—100 cm und eine Breite von ca. 30 cm trägt allen vorkommenden Verhältnissen am besten Rechnung.

Der Transportwagen ist zweiteilig auszuführen und jeder Teil mit einem guten Drehgestell auszurüsten. Der Mast wird in je einen der Mastform angepaßten Aufsatz gelegt und mit Ketten befestigt. Eine Verbindung zwischen Vorder- und Hinterwagen ist nicht erforderlich (Abb. 83).

Abb. 83.

Auf dem vorderen Wagenteil ist eine aus U-Eisen und mit Brettern belegte Plattform vorgesehen, so daß mit einer Fahrt der Mast samt Ausrüstung (Fundamentplatten, Traversen, Mastkappe) an Ort und Stelle geschafft werden kann. Der rückwärtige Wagen erhält zum Lenken einen Lenkbaum mit 2 Ketten und außerdem nach vorne zu einen Anbau, so daß auch vom Mast aus gelenkt werden kann. Bei einer Geschwindigkeit von 16 km/h wäre es ermüdend hinter dem Wagen herzulaufen, während auf diese Weise ein wirtschaftlich flotter Betrieb gewährleistet und immer ausgeruhtes Personal vorhanden ist. Der Lenkbaum wird nur an scharfen Kurven, wo mit 4—8 km gefahren wird, verwendet. Nicht zu vergessen ist, daß eine gute Bremse vorhanden sein muß und daß eine kräftige Winde mitzuführen ist.

Abb. 83 und 90 zeigen das Fahrzeug unter Vorspann eines Rad- bzw. Raupenschleppers in Bewegung auf der Landstraße bzw. in einer Waldschneise.

Eine Konstruktion in Gitterwerksausführung zeigt Abb. 84. Alle diese Fahrzeuge besitzen in ihren beiden Teilen Drehschemel, um die notwendigen Kurven innerhalb der Ortschaften und auf den baumbestandenen Landstraßen nehmen zu können, wozu ein Mann zum Lenken auf dem zweiten Fahrzeug erforderlich ist.

Abb. 84.

Abb. 85.

Ein in Italien im weitesten Umfang verwendetes Spezialfahrzeug ist der zweirädrige Hebelkarren mit Protze, welchen die nächsten Abbildungen darstellen.

Die zwei Räder des eigentlichen Karrens (Abb. 85, 86) sind von großem Durchmesser, mit Eisen beschlagen und durch eine kräftige Stahlachse von gekröpfter Form verbunden. Das Stichmaß der Kröpfung ist etwa 30 cm. Der Karren ist mit einer Deichsel versehen, in der Art, daß die Kröpfungsebene bei horizontal gestellter Deichsel senkrecht steht.

Die Protze (Abb. 85 vorne) dagegen ist mit kleinen Rädern und den notwendigen Einrichtungen zum Vorspann von Pferden oder Schleppern versehen. Ihre Achse ist gerade und trägt eine Vorrichtung, um mittels Ketten oder Profilhölzern das Ende des Mastes an ihr in entsprechender Höhe befestigen zu können. Die Abbildungen zeigen diese Einzelheiten deutlich.

Abb. 86.

Zum Gebrauch wird der großrädrige Teil über den Schwerpunkt des Mastes gefahren und die Deichsel senkrecht gerichtet (Abb. 85). Der Mast wird nun mittels einer Schleife aus Tau oder Ketten, im letzteren Fall unter Beilage von Schutzhölzern gefaßt und entsprechend befestigt. Nun wird mittels eines Zugseiles die Deichsel von Hand oder durch Vorspann von Pferden bzw. des Schleppers in die horizontale Lage des Mastes heruntergezogen, bis sie parallel zum Mast steht. Dabei wird der Mast infolge der Hebelwirkung der Kröpfung um deren Stichmaß hochgehoben. Genügt dieses Maß nicht, so kann der Mast in der hochgehobenen Lage gestützt und durch Wiederholung des Vorganges nochmals um das gleiche Maß gehoben werden. Die Deichsel wird dann in der horizontalen Lage durch Ketten oder Schellen fest mit dem Mast verbunden (Abb. 86) und dessen eines Ende an der Protze befestigt. Der Transport ist nun fahrbereit. Durch Unterlegen von

Querhölzern können auf diese Art auch 2 oder 3 leichtere Maste gleichzeitig angehoben und fahrbar gemacht werden.

In sehr unebenem Gelände empfiehlt es sich, den Mast nicht im Schwerpunkt allein, sondern an 2 Punkten unter Verwendung von Spanndrähten oder eines Traversenbalkens, welcher mit dem Fahrzeug fest verbunden ist, anzuheben.

Der Vorteil dieses Fahrzeuges liegt vor allem in seiner Billigkeit und seinem geringen Eigengewicht. Ein Hebelkarren von 1 t Trag-

Abb. 87.

fähigkeit, geeignet für Leichtmaste in jedem Gelände, wiegt nur 600 kg. Ein solcher für 4 t, mit dem schon die meisten vorkommenden Maste transportiert werden können, nur 1000 kg.

Vorteilhaft ist auch die bequeme und rasche Handhabung beim Auf- und Abladen der Maste und die außerordentliche Wendigkeit des Fahrzeuges in spitzen Kurven.

Die in Abb. 87 dargestellte Konstruktion eines schweren Transportwagens benützt den gleichen Grundgedanken. Der Mast wird aufgehängt transportiert. Das Anheben geschieht mittels eingebauter Winde und diese Bauart scheint manche von den Vorzügen des Hebelkarrens ebenfalls zu besitzen.

Erwähnt sei noch, daß sich in entsprechendem Klima auch Schlitten gut eignen. Sie wurden bei den Leitungsbauten in Ostpreußen bevorzugt verwendet.

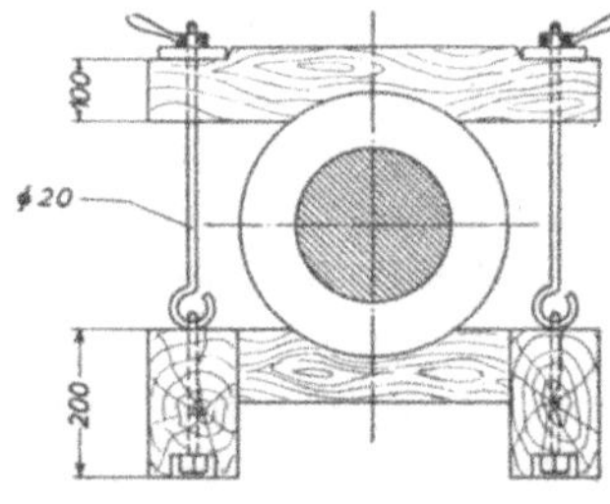

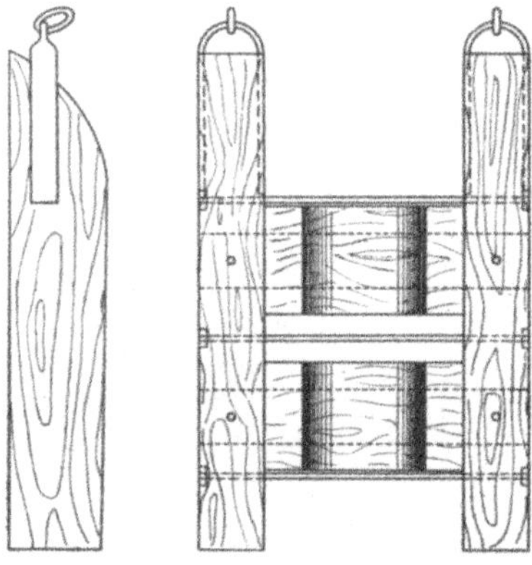

Abb. 88.

Für den behelfsmäßigen Transport im schwierigen Gelände hat sich auch das Schleifen der Maste gut bewährt, weil es infolge der glatten Oberfläche der Maste sehr geringen Flurschaden verursacht. Das vordere gezogene Ende wird dabei auf einem Schlitten befestigt, welcher auf Abb. 88 in Einzelheiten dargestellt ist. Zum gleichen Zwecke kann man auch Rollen aus Rohren verwenden, welche beim Fortschreiten in der bekannten Weise immer wieder unter das vordere Ende des Mastes gelegt werden.

Welche ungewöhnlichen Verhältnisse die Natur des Geländes zuweilen zu überwinden aufgibt, ist schließlich auf Abb. 89 festgehalten, bei welcher der Mast auf seinem Spezialfahrzeug einen Fluß überschreiten muß, nachdem der Schlepper auf Umwegen herangeholt wurde.

Als Zugvorrichtungen kommen nächst Pferden für die Landstraße Rad-

Abb. 89.

schlepper in Frage, wie solche auf den vorangehenden Abbildungen zum Teil schon dargestellt sind. Im Gelände bedient man sich heute im Freileitungsbau wohl allgemein der Raupenschlepper. Abb. 90 zeigt einen solchen in einer Waldschneise.

Rad- und Raupenschlepper werden heute von den verschiedensten Firmen in der erforderlichen Stabilität gebaut. Bei mehreren in der letzten Zeit ausgeführten Bauten haben sich Hanomag-Radschlepper von 28/32 PS und Raupenschlepper von der gleichen Leistung, sowie auf besonders schwierigem Gelände von 31/50 PS als vollkommen ausreichend erwiesen. Die ersteren erzielen auf der Landstraße im dritten

Abb. 90.

Gang eine Geschwindigkeit von 16 km und können eine Last von 20 t ohne Schwierigkeit schleppen. Die letzteren kommen auf 5—6 km/h und haben die garantierte Leistung: »bis zu 10 t Last auf Steigungen bis 15% unter allen Witterungs- und Bodenverhältnissen mit Sicherheit zu schleppen« gut erreicht, was sicher für alle vorkommenden Verhältnisse genug sein dürfte. Mit dem Raupenschlepper sind selbst Steigungen bis 30% überwunden worden. Ihr Treibmittelverbrauch liegt zwischen 250—280 g/PS/h (Benzol-Benzingemisch).

Zur Beschaffung von Rad- und Raupenschleppern ist es notwendig, sich folgende Angaben machen bzw. garantieren zu lassen.

PS-Leistung,
Betriebsstoffverbrauch, unter Angabe des geeigneten Betriebsstoffes,
Geschwindigkeit auf ebenem Gelände im schnellsten Gang,
Zugleistung (Zugkraft am Haken):

a) auf ebenem Gelände,
b) bei 10proz. Steigung und trockenem Wetter } gewöhnlich halbe
c) bei 8—10proz. Steigung und nassem Wetter } Zuglast erreichbar.

Für Raupenschlepper: Garantie der vollen Zuglast bei 15—20proz. Steigung und allen Witterungs- und Bodenverhältnissen.

Größte überhaupt überwindbare Steigung.

Angaben über die Rad- bzw. Raupenkonstruktion (bei letzteren Plattenbreite, Greifer usw.). Zweckmäßig ist besonders bei Raupenschleppern eine eingebaute Seilwinde, wodurch das Fahrzeug auch zu anderen Arbeiten beim Bau sowie beim Auf- und Abladen geeignet wird.

Angaben über Bremsvorrichtung, Anzahl der Gänge, Beleuchtungsanlage, Getriebe und Kupplung, Art der Lastkupplung (empfehlenswert 1 Zugkette in Deichselhöhe des Anhängers und eine gefederte Mittenzugkupplung).

Kurvenwendigkeit,
Breite,
Kühlerschutz.

Das Abladen der Maste am Mastloch vollzieht sich genau wie das vom Bahnwagen. Am einfachsten ist es mit dem Hebelkarren. Bei Verwendung von Langholzwagen einfacher Bauart sind Winden (Hebeböcke) zweckmäßig. Die Spezialfahrzeuge können für schwere Maste die gleichen Vorrichtungen zum Halten der Bremsseile erhalten, wie bei den Eisenbahnwaggons beschrieben.

(Lit.-Übersicht s. am Ende des 7. Kapitels.)

V. Das Stellen der Schleuderbetonmaste.

Die zu diesem Arbeitsabschnitt gehörigen Arbeiten unterscheiden sich in keiner Weise von den bei anderen, insbesondere Stahlmasten gebräuchlichen. Sie sollen im folgenden jedoch, da sie den wichtigsten Teil des ganzen Bauvorganges darstellen, eingehender besprochen werden.

Prinzipiell sind drei verschiedene Stellarten zu unterscheiden, nämlich

1. Mittels Scherbäumen von Hand. Diese Vorrichtungen werden an

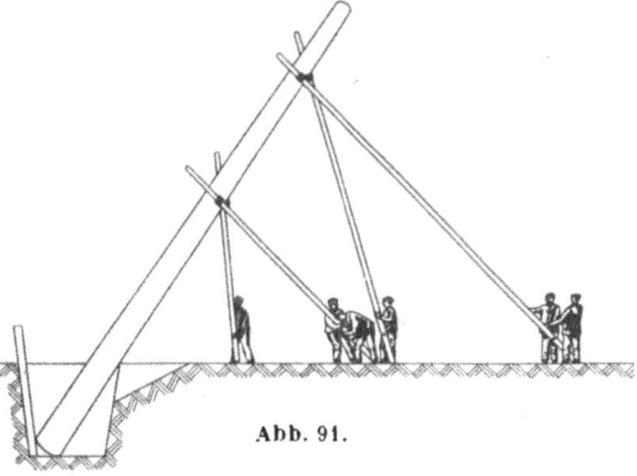

Abb. 91.

Abb. 92.

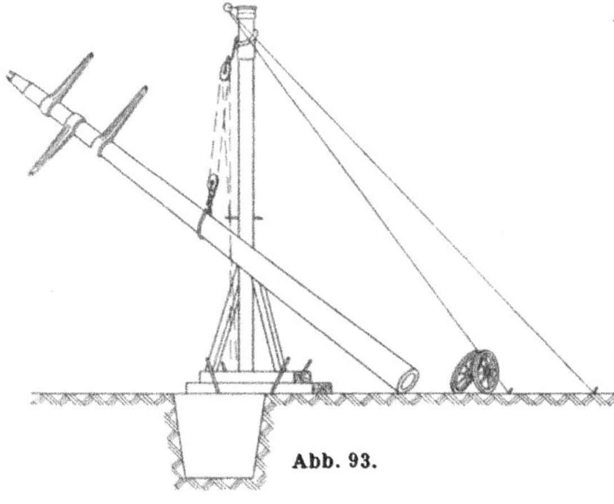

Abb. 93.

verschiedenen Orten auch Scheren, Schwalben, Zangen und wohl auch noch anders genannt,

2. mittels Hilfsmast von Hand oder mit Winde,
3. mittels Stellbock (Stellzeug) mit eingebauter Winde.

Die erstgenannte Methode ist für Leichtmaste allgemein gebräuchlich und bewährt. Sie ist auf Abb. 91 schematisch dargestellt und durch diese Abbildung ohne weiteres verständlich. Das Mastloch wird an der dem Mast zugekehrten Seite abgeschrägt und an der dem Mast abgekehrten durch Bohlen gegen Beschädigung durch den daran abwärts gleitenden Mastfuß geschützt, welche gleichzeitig eine Gleitbahn für den Mast bilden, die es bei richtiger Anordnung erlaubt, den Mast leicht an den richtigen Platz zu dirigieren. Der Mast wird beim Ausfahren mit seinem Fußende am Mastloch niedergelegt.

Eine Kolonne von 6—10 Mann ist bei dieser Arbeitsart imstande, täglich 7—8, unter günstigen Umständen auch mehr

Abb. 94.

Maste aufzurichten. Eine besondere Verankerung des Mastes durch Ankerseile ist nicht nötig. Die Scherbäume stützen den Mast selbst so lange, bis das Mastloch zugeworfen ist. Nur bei Verwendung von Betonfundamenten, welche längere Zeit zum Abbilden und Erhärten brauchen, sind Ankerseile nötig. Abb. 92 zeigt die Arbeiten im Lichtbild.

Die zweitgenannte Methode mit Hilfsmast ist in Abb. 93 schematisch dargestellt. Sie ist für Leichtmaste und schwere Maste in gleicher Weise brauchbar. Ihr Vorteil liegt darin, daß das Mastloch nicht abgeschrägt werden braucht, also etwas weniger Erdaushub erfordert. Der Mast wird beim Ausfahren mit seinem Schwerpunkt am Mastloch niedergelegt und durch Seilschlingen etwas oberhalb des Schwerpunktes gefaßt. Das Anheben kann von Hand mittels Flaschenzug oder durch eine seitwärts stehende Winde, etwa die im Rad- oder Raupenschlepper eingebaute, erfolgen. Der Nachteil der Methode ist, daß der Hilfsmast sehr gut verankert werden muß, was viel Zeit erfordert, und daß trotzdem nicht die Sicherheit beim Stellen erreicht wird wie bei der folgenden Methode. Das Aufrichten selbst ist ebenfalls zeitraubend, so daß die Methode heute in Deutschland nur noch bei wenigen Firmen gebräuchlich ist (Abb. 94); sie wird jedoch in Italien viel angewendet.

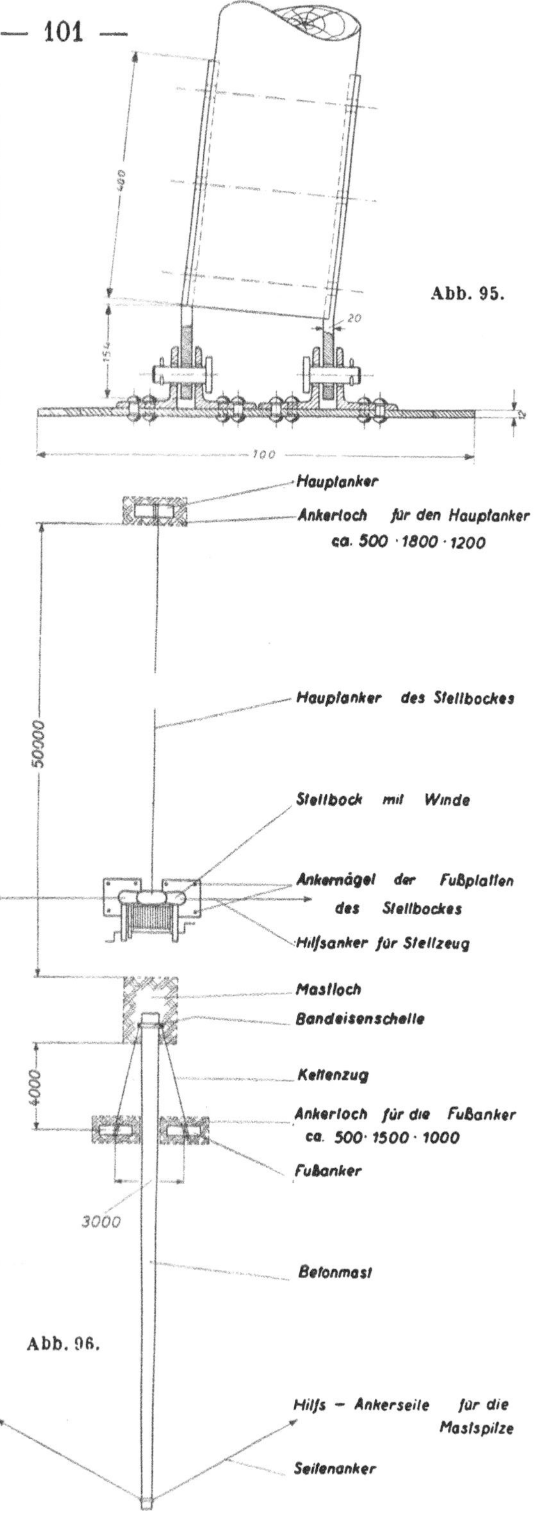

Abb. 95.

Abb. 96.

Die wichtigste Methode ist die an dritter Stelle genannte mittels Stellbock. Der Mast und das Stellzeug werden mit dem Fußende gegeneinander zu beiden Seiten des Mastlochs niedergelegt. Das Fußende des Stellbockes, welches aus einer Eisenplatte besteht, wird durch eingeschlagene Eisennägel von ca. 1,5 m Länge gegen Verschieben gesichert (Abb. 95) und der Bock sodann mit dem Mast als Gegengewicht aufgerichtet. Dabei wird der Betonmast, der der Aushubarbeiten wegen etwas entfernt vom Mast liegen muß, so weit vorgezogen, daß sein Fußende etwa über der Mitte des Mastloches steht.

Das Mastloch ist in der gleichen Weise wie bei der Methode 1 ausauszuführen und wird entweder durch Bohlen wie dort geschützt, oder der Mast wird in der angegebenen Stellung, wie auf Abb. 96 dargestellt,

Abb. 97.

durch Kettenzüge verankert, die an einer am Mastfuß befestigten Bandeisenschelle angreifen. Diese Fußanker haben sich gut bewährt, da der Mast durch Regulieren der Kettenzüge in der Längs- und Querrichtung verschoben und so genau an den richtigen Platz im Mastloch dirigiert werden kann. Man beherrscht den Mast dabei vollkommen, so daß ein Umfallen so gut wie ausgeschlossen ist. Die Mastlochwände werden gleichzeitig geschont, so daß sie auch bei schlechtem Boden nicht einfallen, und zeitraubender Nachaushub durch die Betonierkolonne vermieden wird (in dem Mastloch können bei eingesetztem Mast gewöhnlich nur 1—2 Mann arbeiten, während die übrigen aufgehalten werden.) Die ganze Arbeit geht bei dieser Verankerungsart des Fußes glatt, ohne Ecken und ruckweises Hochgehen des Mastes von statten. An anderen Stellen werden statt dessen bei schweren Masten besondere Schlitten, die auf Schienen gleiten, verwendet. Sie nehmen den Druck auf die Grubenwand auf und sorgen dafür, daß der Mastfuß mit fortschreitendem

Hochziehen allmählich bis zum Grund des Mastloches hinabgleitet (Abb. 97). Beim Hochziehen wird der Mast über leichte Kettenflaschenzüge, die an eingerammten Ankerpfählen befestigt sind, mit zwei Hilfsankerseilen geführt, durch deren Nachlassen man es in der Hand hat, den Mast stets genau in der Stellebene zu führen. Das Kommando über die Fuß- und Seitenanker hat zweckmäßig der Mann am Hauptanker des Stellbocks. Er muß den Stellvorgang und die Lage des Mastes dauernd genau verfolgen. Wenn der Mast aufgerichtet ist, wird er durch Hinzufügen von zwei weiteren Ankern endgültig festgelegt. Die Hauptanker werden durchweg an liegenden ca. 1,20—1,80 m langen Vierkantpfählen befestigt, die 1—1,50 m tief in den Boden eingegraben werden (vgl. Abb. 96). Zum Schluß wird der Stellbock durch Nachlassen der Winde vom stehenden Mast aus niedergelassen.

Abb. 98.

Zweckmäßig ist es, die Maste beim Anheben mittels einer Ausgleichsrolle in zwei Punkten zu fassen (Abb. 98, 99, 100), da dabei die Biegebeanspruchung des Mastes geringer wird. Ohne Ausgleichsrolle faßt man am besten etwas unterhalb der Traversen, deren Gewicht den Schwerpunkt stark nach oben verschiebt.

Die Abb. 98 und 99 zeigen zwei verschiedene Stadien dieser Arbeiten im Lichtbild, Abb. 100 das Herablassen des Stellbocks.

Abb. 101 zeigt eine sehr ähnliche Stellmethode, bei welcher die Winde im Stellzeug nicht fest eingebaut ist, in schematischer Darstellung. Sie ist jedoch wenig gebräuchlich und, da außer der Winde der Stellbock noch verankert werden muß, erfordert sie mehr Arbeit.

Die für die dritte Methode erforderlichen Stellzeuge können aus Holz- oder aus Eisenkonstruktion sein. Abb. 102 zeigt eine Konstruktion in Holz. Die Bauart ist sehr einfach und wenig kostspielig. Das Stellzeug ist auf Rädern im Schwerpunkt fahrbar und kann mit Pferden

Abb. 99.

Abb. 100.

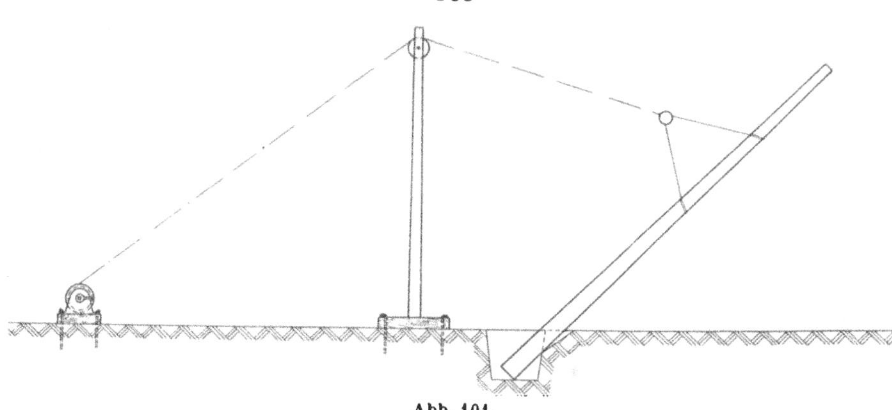

Abb. 101.

oder Schlepper, zur Not auch von Hand zum nächsten Mastloch verfahren werden. Zweckmäßig ist ein Podest (Abb. 99), auf dem dabei die erforderlichen Werkzeuge, Kettenzüge, Seile u. dgl., gleich mitgenommen werden können. Diese Stellzeuge haben sich auch für schwere Maste als vollkommen ausreichend erwiesen, da man bei diesen oder etwa bei Portalen deren zwei (Abb. 103) verwenden kann, die sich gegenseitig unterstützen. Auf gleichmäßiges Anziehen beider Winden muß dabei natürlich geachtet werden.

Ein Stellzeug in Eisenkonstruktion ist auf Abb. 104 dargestellt. Grundsätzlich ist die Bauart ganz die gleiche, jedoch ist das Gerüst ausGitterwerk. Das Gerät reicht für schwerste Maste aus, wird aber in Anbetracht seines hohen Eigengewichtes nur in den seltensten Fällen ausgenützt werden können. Abb. 105 läßt die Konstruktion der eingebauten Winde an einem anderen Stellzeug ähnlicher Bauart noch deutlicher erkennen. Es besteht aus drei Teilen, einem Unterteil mit der Zugwinde, einem Mittelstück und einem Oberteil, welche je nach Bedarf auch nur teilweise benützt werden können. Diese etwas komplizierte Konstruktion ist heute wegen der vielen Nebenarbeiten beim Zusammensetzen und Montieren des Gerätes selbst kaum mehr in Gebrauch, da sich die einfacheren Konstruktionen auch für die schwersten Maste durchaus bewährt haben.

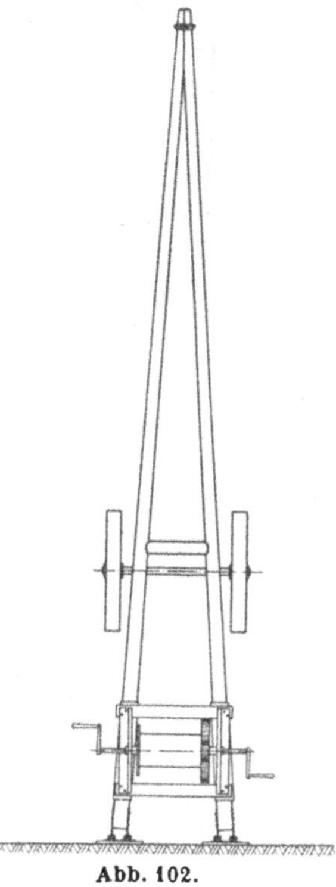

Abb. 102.

Bei den als Abspannmaste verwendeten

Doppelmasten liegen die Traversen (vgl. S. 73) senkrecht zur Ebene der beiden Maste, also in der Stellebene. Um sie aufziehen zu können, muß entweder der Doppelmast auf Böcken von entsprechender Höhe (gleich Traversenausladung) gelagert oder unter ihm eine Grube von der gleichen Tiefe ausgehoben werden. Am zweckmäßigsten und billigsten ist gewöhnlich der Mittelweg, beides zu machen. Bei Doppelmasten als Winkelmaste liegen die Traversen senkrecht zur Stellebene und die Schwierigkeit entfällt.

Abb. 103.

Läßt es sich aus örtlichen Gründen einmal nicht umgehen, den Mast nach dem Aufrichten zu drehen, so ist dies ebenfalls mit einfachen Hilfsmitteln möglich. Um den Mast oder Doppelmast wird eine Kette geschlungen und daran ein Hebebaum von ca. 3 m Länge befestigt. Vier Mann können den Mast dann ohne Mühe bis zu 90° (mehr ist nicht erforderlich) drehen. Ebenso leicht kann, wenn erforderlich, der aufgerichtete Mast im Mastloch gerückt werden, indem ein oder mehrere Bauwinden eingesetzt werden. Auf entsprechendes Anziehen und Nachlassen der Spitzenanker ist dabei zu achten, damit sich der Mast nicht neigt oder umfällt.

Mit der beschriebenen Methode ist es möglich, mit einer Kolonne von 12 Mann pro Arbeitstag 5—6 Maste zu stellen. Besonders schwere Spezialmaste oder Portale erfordern etwas längere Zeiten.

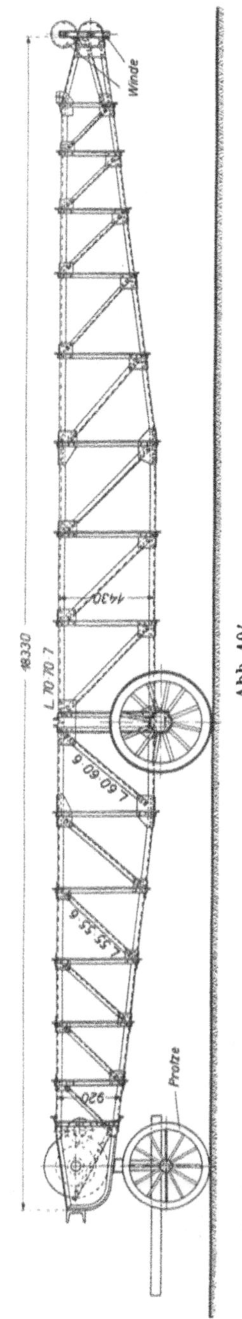

Abb. 104.

Abb. 105.

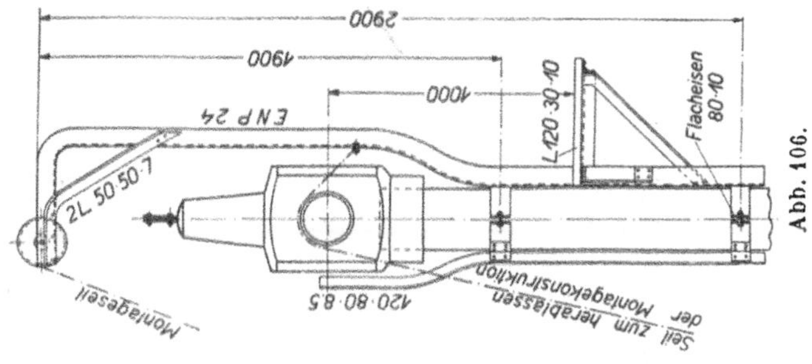

Abb. 106.

Abb. 109.

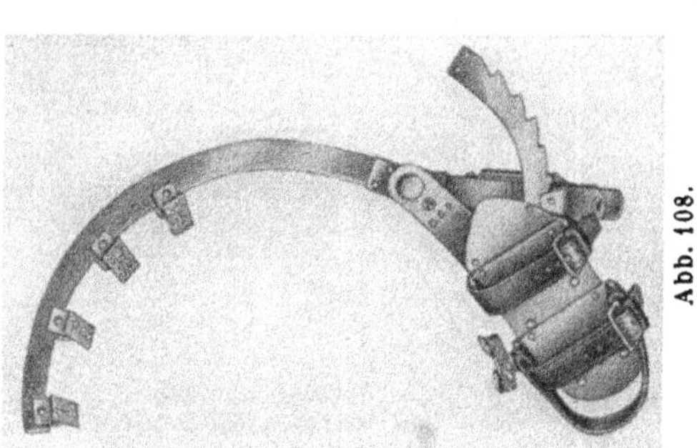

Abb. 108.

Abb. 107.

Eine besondere Behandlung verlangen Portale. Das einfachste und billigste ist es, sie, wie schon in Abb. 103 dargestellt, wie die Einstielmaste liegend zu montieren und im ganzen aufzurichten. Doch hat auch die folgende bei der schwedischen Trollhättanleitung (Abb. 25) angewandte Methode ihre Vorteile. Die Maste werden für sich aufgerichtet, wobei sie ein kleines eisernes Montagegerüst, das an ihrer Spitze festgeschraubt wird, mit hochnehmen (Abb. 106). Mittels der Rolle können nun die Lagerteile des Verbindungsstückes und die Traversen hochgezogen und in der früher (S. 80) beschriebenen Weise montiert werden, wobei der Arbeiter die kleine Plattform benützt. Zum Schluß wird das Montagegerüst von der Traverse aus herabgelassen.

Abb. 110.

Für das Besteigen der Maste sind verschiedene Möglichkeiten ausprobiert worden. Zuweilen, besonders in den Ver. Staaten, werden feste Steigeisen einbetoniet, doch bilden diese natürlich eine Rostgefahr. Einige Firmen verwenden transportable Leitern, welche mit Schlaufen am Mast festgehängt und ineinandergesteckt werden, wieauf Abb. 107 deutlich zu sehen.

Einfacher ist die Strickleiter, die auf Abb. 98—100 zu erkennen ist; sie ist heute fast allgemein gebräuchlich.

Um sie auch bei späteren Instandsetzungsarbeiten verwenden zu können, bedient man sich auch einer Wurfleine, welche, über eine Traverse geworfen oder geschossen, die Strickleiter hochziehen kann.

Einfacher als diese letztgenannte Einrichtung ist die Verwendung von Steigeisen.

Für solche ist eine Spezialkonstruktion (Abb. 108) entwickelt worden, die aus Leichtmetall besteht[1]) und genau in der gleichen Weise gebraucht wird wie die bei Holzmasten allgemein bekannten Steigeisen. Der Greifarm ist mit geriffelten Stahlplatten versehen, welche in Gelenken sitzen und denen gegenüber an der Sohle ein Paar eben solcher Stahlplatten sitzen. Der Greifarm ist durch Zahnstange und Verriege-

[1]) Diese Steigeisen werden von der Firma Otte in Mittweida geliefert.

lung auf den jeweiligen Durchmesser des Mastes während des Hochsteigens verstellbar. Abb. 109 zeigt die Eisen im Gebrauch, sie werden von den Monteuren mit großer Leichtigkeit und vollkommener Sicherheit angewendet.

In Italien ist noch eine andere Steigeisenkonstruktion gebräuchlich, die in Abb. 110 dargestellt ist und nach vorliegenden Angaben sich

Abb. 111.

ebenfalls bewährt haben soll. Sie besteht fast ganz aus starken Lederriemen ohne größere Metallteile.

Über den weiteren Fortgang der Montage braucht nichts ausgeführt zu werden, da er sich von dem allgemein Bekannten in nichts unterscheidet. Abb. 111 zeigt die Montage der Seile mit Hilfe einer an einer Traverse befestigten Montagebühne die die Arbeiten sehr erleichtert.

Abb. 112 zeigt das Ausziehen des Seiles mittels des Raupenschleppers, welches sich neuerdings gut bewährt hat. Es beschleunigt die Arbeiten sehr, weil sämtliche Leitungen gleichzeitig durch den Schlepper ausgelegt werden können. Die Fahrtgeschwindigkeit kann dabei 2—4 km pro Stunde betragen. Die Raupenschlepper verursachen wenig Flurschaden, da sie den Boden nicht aufreißen, sondern nur festwalzen.

Abb. 112.

Da das Ausfahren der Maste bis zum Beginn der elektrischen Montage beendet oder weit gefördert sein kann, ergibt sich so eine günstige Ausnützung der Antriebsmaschinen.

(Lit.-Übersicht s. am Ende des 7. Kapitels.)

VI. Die Fundierung der Schleuderbetonmaste.

Betonmaste haben einen kleineren Querschnitt am Bodenaustritt als Gittermaste. Während also bei Gittermasten das Fundament mit Rücksicht auf den Austrittsquerschnitt des Mastes häufig größer bemessen werden muß, als die Berechnung auf Grund der Bodendruckverhältnisse ergibt, ist dies bei Betonmasten nicht erforderlich. Die Ersparnis an Erdaushub und Fundamentabmessungen ist daher unter Umständen recht erheblich und gleicht einem großen Teil des Mehrpreises der Betonmaste schon allein aus. Vgl. hierüber die Ausführungen am Ende dieses Kapitels.

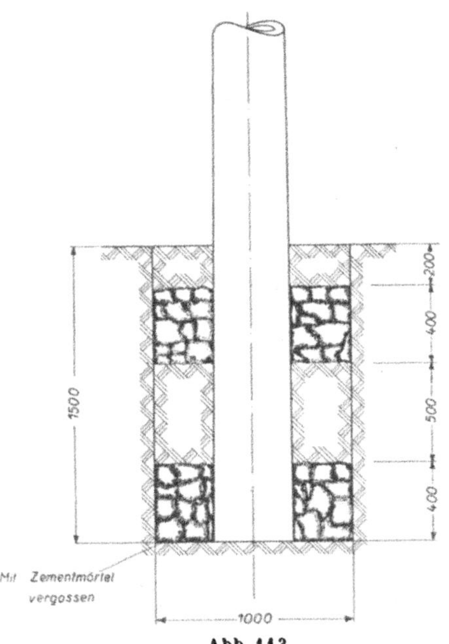

Abb. 113.

Für Betonmaste kommen folgende Fundierungsarten in Betracht:

1. Aufstellung ohne besonderes Fundament.

Diese Art ist wie gewöhnlich nur in bestem gewachsenen Boden oder bei Felsboden, in welchem die Mastlöcher gesprengt werden, möglich. Ist man der Bodenverhältnisse nicht ganz sicher, so können die Maste durch Anbringung von einem oder zwei Steinkränzen, welche festgestampft und manchmal noch mit Zement vergossen werden, solider fundiert werden (Abb. 113). Für Leichtmaste und für die Tragmaste von schweren Leitungen bis zu 14 m Länge ist diese einfache und billige Fundierungsart mit Erfolg angewendet worden.

Bei der Beurteilung der Bodenfestigkeit ist bei dieser Fundierungsart auch daran zu denken, daß die Grundfläche der Schleudermaste verhältnismäßig klein, die senkrechte Bodenpressung durch das Gewicht des Mastes und der Leitungen daher groß ist. Unter diesen Umständen liegt die Gefahr nahe, daß der Mast bei Schwankungen im Winde gewissermaßen als Bohrer wirkt und sich setzt. Es muß also nicht nur die seitliche, sondern auch die senkrechte Bodenpressung durch Rechnung kontrolliert werden (vgl. Lit. 76). Die erforderlichen Eingrabtiefen sind durch die VDE-Vorschriften festgelegt und weichen für Betonmaste von dem Normalen nicht ab.

2. Fundierung durch Fundamentplatten.

Diese werden gemäß Abb. 114 in einer Anzahl von 2—4 Stück seitlich am Mast durch Schellen befestigt und sind bestimmt, die Bodenpressung auf eine größere Fläche zu verteilen. Die Platten werden im Herstellungswerk im Stampfverfahren angefertigt und mit den Masten geliefert. Bei der Berechnung der Bodenpressung ist das Obengesagte ebenfalls zu beachten.

Diese Fundierungsart wird in den meisten Fällen, wo es sich nicht um besonders schlechte Bodenverhältnisse handelt, für die Tragmaste auch der schweren Leitungen ausreichen, wie ja auch die Gittermaste solcher Leitungen fast stets ohne Betonfundament, nur unter Verwendung von (horizontal liegenden) Schwellen, fundiert werden.

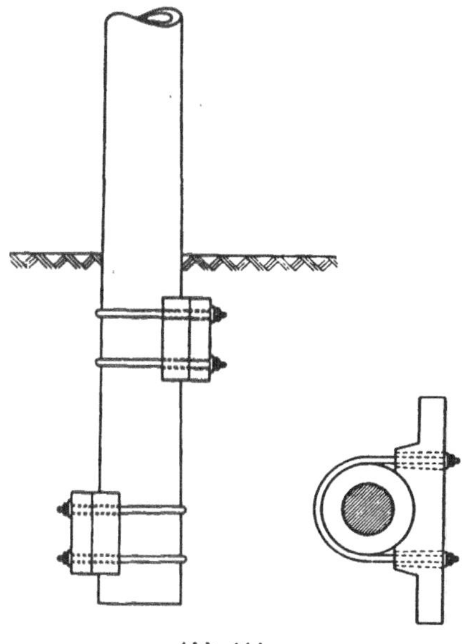

Abb. 114.

Zur Berechnung der Standsicherheit bei Plattenfundamenten können die Formeln von Dörr (Lit. 77) verwendet werden, die die Möglichkeit geben, durch entsprechende Wahl der einzelnen Faktoren die Bodenverhältnisse zu berücksichtigen. Die Formeln lauten:

$$Z = \frac{k \cdot \gamma \cdot \varepsilon \cdot b\, t^2}{11{,}75 \cdot n + 9{,}84}$$

$$k = \frac{1}{i}\left(1 + \nu \frac{t}{b}\right), \text{ worin}$$

Z = der Spitzenzug (einschl. Winddruck) in kg,
γ = 1500—2500 kg/m³ das Gewicht des Erdreiches,
φ = 20—70° = Schüttwinkel, je nach den Bodenverhältnissen (größerer Wert = besserer Boden),

$$\varepsilon = \mathrm{tg}^2\left(45 + \frac{\varphi}{2}\right),$$

b = Fundamentbreite in m,
t = Eingrabtiefe in m,

h = freie Mastlänge in m,

$$n = \frac{h}{t},$$

$$\nu = \frac{2 \operatorname{tg} \varphi}{3 \operatorname{tg}\left(45 + \frac{\varphi}{2}\right)}.$$

Der Standsicherheitsfaktor i für ebene Flächen ist $i \geq 1{,}5$, für runde Maste (d. h. **ohne** Platten) zu $i \geq 1{,}2$ bis 1,3.

Es sei ein Tragmast von $h = 15$ m freier Länge und 300 kg Nettospitzenzug aufzustellen. Es ist zu kontrollieren, ob bei einer Eingrabtiefe von $t = 2$ m 3 Fundamentplatten von $b = 1{,}3$ m Breite genügen, wenn guter Boden vorliegt.

Der Spitzenzug einschl. Winddruck betrage $Z = 500$ kg. Dann ist

$$\gamma = 1800,$$

$$\varphi = 45^0,$$

$$\operatorname{tg} \varphi = 1,$$

$$\operatorname{tg}\left(45 + \frac{\varphi}{2}\right) = \operatorname{tg} 67{,}5^0 = 2{,}4142,$$

$$\varepsilon = \operatorname{tg}^2 67{,}5^0 = 5{,}825,$$

$$\nu = \frac{2 \cdot 1}{3 \cdot 2{,}4142} = 0{,}276$$

$$n = \frac{15}{2} = 7{,}5.$$

In die erste Gleichung eingesetzt

$$500 = \frac{k \cdot 1800 \cdot 5{,}825 \cdot 1{,}3 \cdot 4}{11{,}75 \cdot 7{,}5 + 9{,}84},$$

$$k = 0{,}899,$$

$$i = \frac{1}{0{,}899}\left(1 + 0{,}276 \cdot \frac{2}{1{,}3}\right) = 1{,}58.$$

Die Standsicherheit ist ausreichend.

3. Betonfundamente.

Ihre Verwendung beschränkt sich nach dem Obengesagten auf die Spezialmaste der Leitungen und nur in Fällen besonders schlechter Bodenverhältnisse werden sie auch für die Tragmaste anzuwenden sein.

Die Betonfundamente sind in den verschiedensten Formen in Gebrauch. Gemäß ihrer Herstellung ist zunächst zu unterscheiden zwischen vorbereiteten Fundamenten, welche bereits vor dem Aufstellen des Mastes fertiggestellt sind und in deren entsprechend vorgesehene Aussparung der Mast eingesetzt und vergossen wird, und andererseits solchen Fundamenten, welche nachträglich um den bereits stehenden Mast herum aufgeführt werden. Beide Ausführungsarten haben ihre Vor- und Nachteile, jedoch wird der letzteren Art heute in Deutschland meist der Vorzug gegeben.

Vorbereitete Fundamente sind auf den Abb. 115—118 dargestellt, und zwar in Abb. 115 in Form eines gewöhnlichen Blockfundamentes, in Abb. 116 mit besonderer verbreiterter Fußplatte, in Abb. 117 ebenso jedoch mit konischem Körper. Wenn man bei sehr großen Fundamenten besonders sparen will, wird wohl die Ausführung mit Fußplatte und

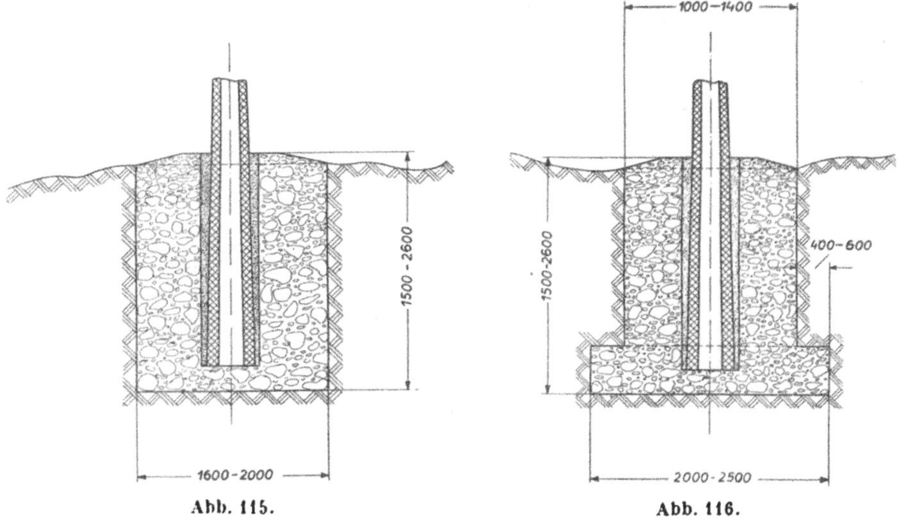

Abb. 115. Abb. 116.

Rippen gewählt (Abb. 118), wobei die diagonalen Rippen bis zur Spitze des Fundamentes, die in den Zwischenräumen stehenden nur bis zu einem Teil der Höhe durchgeführt werden.

Eine besondere Ausführungsart zeigt schließlich Abb. 119. Sie wird in Italien und Frankreich viel angewendet. Ihre Herstellungsart ist die folgende.

Zunächst wird die Sohlplatte in einer Stärke von etwa 20 cm gestampft, in ihrer Mitte wird sodann eine auseinandernehmbare Holzform, deren äußerer Durchmesser etwas größer ist als der Fußdurchmesser des Mastes, aufgerichtet und die Grundplatte rund um sie herum bis zur entsprechenden Dicke aufgeführt. Ist diese erreicht, so wird um die Holzform konzentrisch eine Blechform aufgestellt und zwischen ihr und der Holzform der Beton des rohrförmigen Verbindungsstückes eingestampft, wobei die Blechform nach und nach hochgezogen wird,

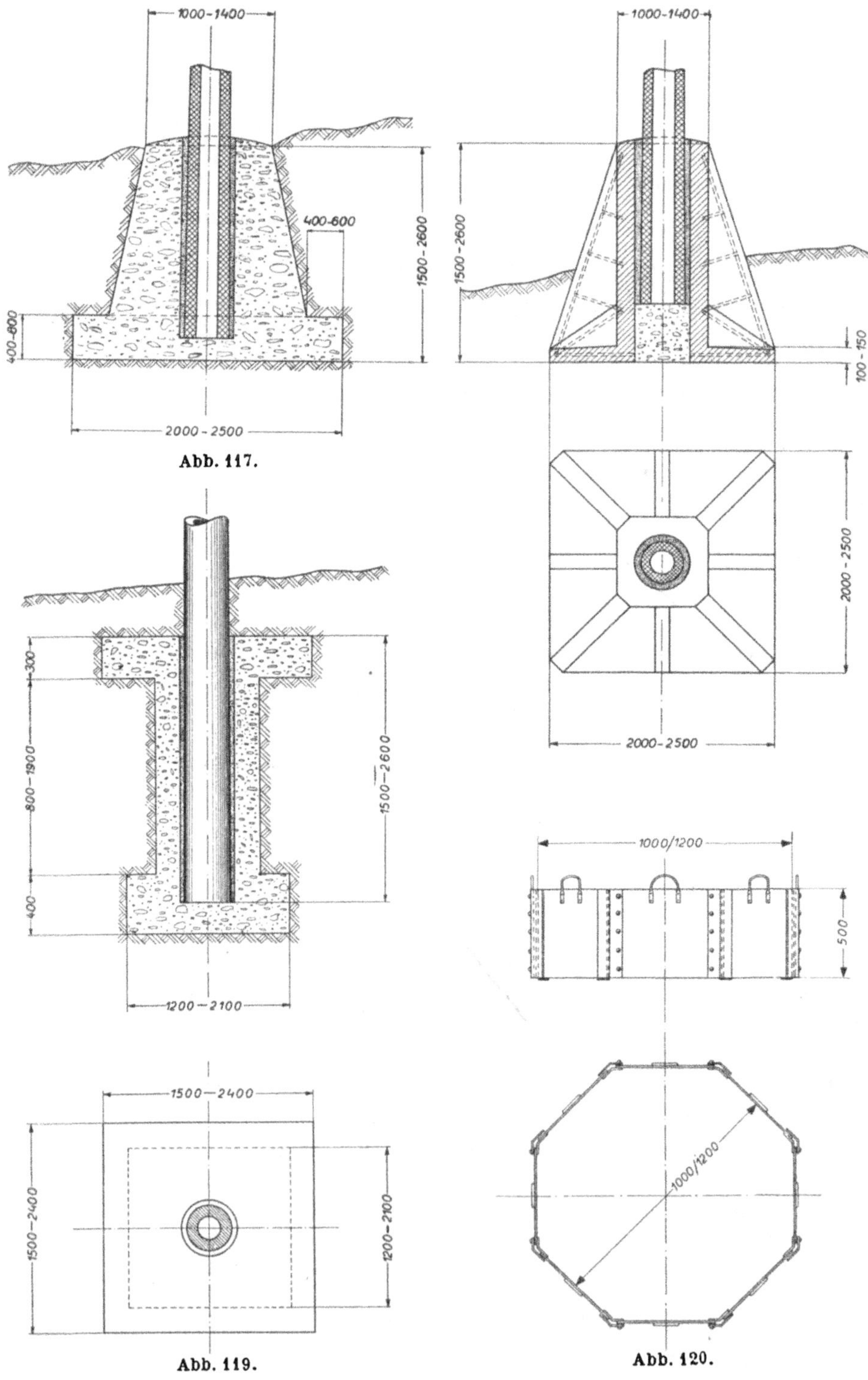

Abb. 117.

Abb. 119.

Abb. 120.

nachdem vorher der Zwischenraum zwischen ihr und der Wandung des Mastloches mit Erde oder Gestein ausgestampft worden ist. Ist man so am oberen Ende dieses Stückes angelangt, so stampft man die obere Platte des Fundamentes in der entsprechenden Stärke, wobei die obere Begrenzungsfläche etwa 30 cm unter der Bodenoberfläche gehalten wird. Wo es sich um Felder oder sonstiges landwirtschaftliches Gelände handelt, kann dieses dann bis unmittelbar an den Mast heran benützt werden. Nach dem Abbinden des Fundamentes wird die zusammenklappbare Holzform herausgezogen.

Allen diesen Fundamenten ist die Aussparung für den Mastfuß gemeinsam. Beim Aufrichten wird der Fuß eingesetzt und nach Fixierung durch einige Keile der geringe Zwischenraum mit festerem Zementmörtel vergossen[1]).

Wird das Fundament nach dem Aufrichten des Mastes hergestellt. so kann in ganz ähnlicher Weise verfahren werden, wie eben beschrieben, Der Mast selbst vertritt dann die Stelle der zusammenklappbaren Holzform. Für das Fundament wird entweder eine reguläre Schalung aufgerichtet oder an ihrer Stelle auseinandernehmbare Blechschalungen verwendet, die nicht die volle Höhe des Fundamentes zu haben brauchen, sondern in der beschriebenen Weise jeweils nach dem Stampfen einer Schicht für die nächste Schicht mit hochgezogen werden. Eine solche Schalung ist auf Abb. 120 dargestellt. Ihre Verwendung ist der von festen Holzschalungen des einfachen und billigen Bauvorganges wegen weit vorzuziehen. Wenn man sich bei der Berechnung und dem Entwurf der Fundamente auf wenige normalisierte Abmessungen beschränkt — wegen des wenig verschiedenen Durchmessers der Schleudermaste genügen im allgemeinen drei und zwar 1000, 1200 und 1400 mm — kommt man mit einer geringen Zahl Schalungen gut aus.

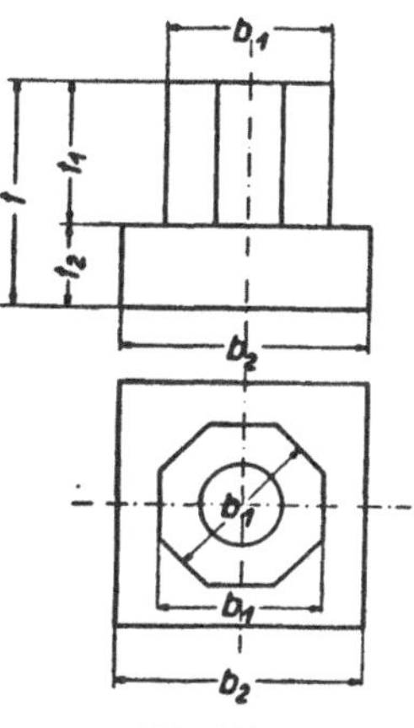

Abb. 121.

Bei Gittermasten haben diese Fundamente meist einen rechteckigen oder quadratischen Grundriß und diese Querschnittsform wurde für Schleudermaste gewöhnlich übernommen. Bei dem kreisförmigen Querschnitt der Schleudermaste ist es aber naheliegend, den Fundamentquerschnitt entsprechend anzupassen. Eine andere Fundamentart ist auf Abb. 121 dargestellt (auch die Schalung Abb. 120 hat diese angepaßte Form). Der Querschnitt ist achteckig, wodurch sich eine beträchtliche Ersparnis an teuerem Fundierungsmaterial bei gleicher Standsicherheit ergibt.

---

[1]) Bei dieser Fundamentart ist übrigens die S. 101 beschriebene Stellmethode mit Hilfsmast vorzuziehen.

Sind die Bodenverhältnisse besonders schlecht oder das Mastgewicht sehr groß oder auch die Höhenlage der Mastspitze besonders genau einzuhalten (wie z. B. bei den Masten von Freiluftstationen, vgl. 10. Kapitel), so wird in das Mastloch vor dem Stellen eine Sohle von ca. 20 cm Stärke einbetoniert, auf die der Mast zu stehen kommt. Vor dem Einbringen des Betons für den eigentlichen Fundamentkörper ist die Oberfläche der Sohlplatte gut aufzurauhen und zu nässen, damit eine innige Verbindung zustande kommt.

Abb. 122.

Bei hohen Spitzenzügen, besonders wo die Last wie bei End- und Winkelmasten als Dauerlast wirkt, sollen die Fundamente armiert werden, damit die runden Maste sie nicht sprengen. Abb. 122 zeigt das Betonieren und die Armierung eines großen quadratischen Blockfundamentes.

Für die Berechnung von Betonfundamenten werden in Deutschland fast ausschließlich die Formeln von Fröhlich (Lit. 78) verwendet. Die Formel für die untere Fundamentbreite

$$b_2 = 1{,}37\sqrt{\frac{Z\left(\frac{t}{2}+h\right)}{1120\,t^2\cdot b_2}} + (b_2 - b_1)\frac{t_1}{t}$$

ist aber infolge ihrer zeitraubenden Auswertung für Projektarbeiten unpraktisch. Man formt sie zweckmäßig folgendermaßen um (vgl. Abb. 123).

$$M \leq 48{,}8\,t^3\,x\,(b_2{}^2 - 1{,}88\,\varkappa) - Z\cdot\frac{t}{2},$$

worin

$M = Z\cdot h$ (Spitzenzugmoment in mkg),
$Z =$ Spitzenzug (einschl. Winddruck) in kg,
$h =$ freie Mastlänge in m,
$t =$ Eingrabtiefe m,

$$x = \frac{11}{0{,}9}\cdot\frac{b_2}{t},$$

$$\varkappa = b_2 - b_m,$$

$$b_m = \frac{b_1\cdot t_1 + b_2\,(t - t_1)}{t}.$$

Das ist die Gleichung einer Geraden mit den Veränderlichen M und Z, die in einem Koordinatensystem (Abb. 123) eine Geradenschar

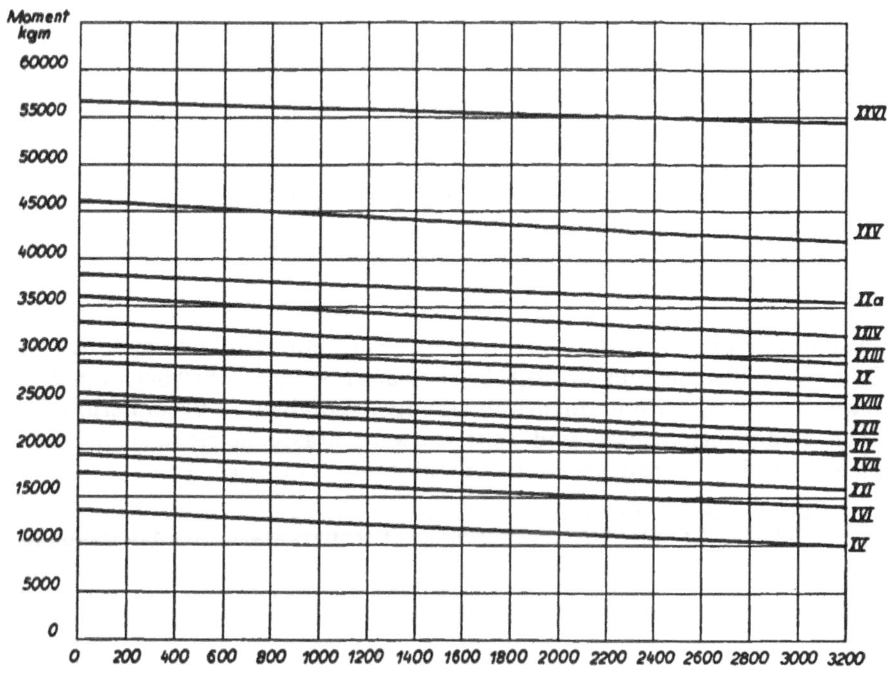

Abb. 123.

zu zeichnen erlaubt. Da M und Z einfach zu bestimmen sind, ist die Benützung der Tabelle für die rasche Ermittlung der Fundamentabmessungen (etwa normalisiert nach Abb. 124) bei größeren Projektarbeiten von großem Vorteil.

Abb. 124 gibt auch über die zugehörigen Erdaushubmengen, Betoninhalte usw. Aufschluß. Sie beziehen sich auf die achteckige Form. Die erforderliche obere Fundamentbreite und die Eingrabtiefe in Abhängigkeit von der Mastlänge und vom Spitzenzug ist aus Abb. 125

Fundament	t	t_1	t_2	b_1	b_2	Aushub cbm	Stampfbetons cbm	Mischungsverhältnis 1:3:6			Bemerkungen.
								Zement kg	Sand cbm	Kies cbm	
XV	2,2	1,7	0,5	1,2	1,8	7,15	3,3	660	1,48	2,96	
XVI	2,2	1,7	0,5	1,2	2,1	9,7	3,84	768	1,73	3,46	
XVII	2,2	1,7	0,5	1,2	2,4	12,65	4,48	896	2,02	4,04	
XVIII	2,2	1,7	0,5	1,2	2,7	16,0	5,18	1036	2,33	4,66	
XIX	2,2	1,7	0,5	1,4	2,4	12,65	5,09	1018	2,28	4,56	
XX	2,2	1,7	0,5	1,4	2,7	16,0	5,79	1158	2,60	5,20	
XXI	2,5	2,0	0,5	1,2	1,8	8,1	3,57	714	1,60	3,20	
XXII	2,5	2,0	0,5	1,2	2,1	11,0	4,07	814	1,83	3,66	
XXIII	2,5	2,0	0,5	1,2	2,4	14,4	4,69	938	2,10	4,20	
XXIV	2,5	2,0	0,5	1,4	2,4	14,4	5,46	1092	2,46	4,92	
XXV	2,5	1,9	0,6	1,4	2,7	18,2	6,69	1338	3,00	6,00	
XXVI	2,5	1,9	0,6	1,4	3,0	22,5	7,72	1544	3,47	6,95	
XXa	2,2	1,6	0,6	1,4	3,0	19,8	6,79	1358	3,05	6,10	

Abb. 124.

zu entnehmen. Die Fröhlichschen Formeln genügen für normale Bodenverhältnisse und Mastgrößen, obzwar sie auch hierbei manchmal etwas unrichtige Fundamentabmessungen ergeben. Für außergewöhnliche Bodenverhältnisse und sehr schwere Maste befriedigen sie nicht mehr, da ihre Voraussetzungen nicht mehr zutreffen[1]).

Für die Berechnung unter solchen Verhältnissen sind die Formeln von Kleinlogel (Lit. 79) vorzuziehen oder diejenigen, die der Schweizer

[1]) Fröhlich läßt eine Bodenpressung von 2,5 kg/cm² zu, was für schlechten Boden zu hoch ist. Auch sind seine Formeln auf die Grenzen 0,54—0,94 für das Verhältnis $\frac{b}{t}$ beschränkt, das bei schweren Masten bis auf 1,5 steigen kann.

Elektrotechnische Verein durch eingehende Versuche über Mastgründungen in den verschiedenen Bodenarten ermittelt hat (Lit. 80—82). Besonders die letzteren können dem projektierenden Ingenieur gute Dienste leisten und seien daher kurz angeführt.

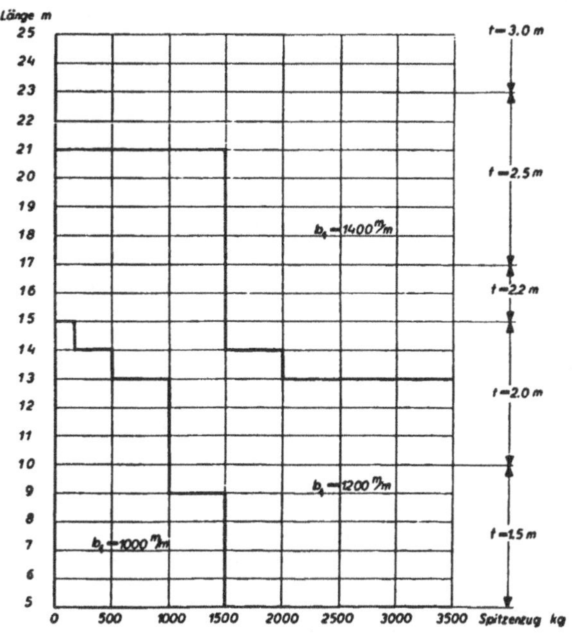

Fundamente für Betonmaste. t ~ Eingrabetiefe, b_1 = Obere Fundamentbreite

Abb. 125.

Es ist

$$M_k = M_s + M_b,$$

worin

M_k = Moment der äußeren Kräfte (Kippmoment,
M_s = » » Einspannung (Reaktionsmoment),
M_b = » des Eigengewichtes (Stabilitätsmoment).

Für abgestufte Fundamente (vgl. Abb. 126), wie sie allgemein üblich sind, nimmt die Gleichung diese Form an:

$$Z(h + t') \leq \frac{2\,t_1 \cdot b_1}{3} \left(\frac{t_1}{2} + t_2' \right)^2 \cdot c_1 \cdot \operatorname{tg} \alpha +$$

$$+ b_2 \left(\frac{t_2'^2}{9} + \frac{t_2''^2}{3} \right) c_t \cdot t_2'' \cdot \operatorname{tg} \alpha +$$

$$+ G \cdot a_2 \left(0{,}5 - \frac{2}{3} \sqrt{\frac{G}{2\,a_2^2 \cdot b_2 \cdot c_b \operatorname{tg} \alpha}} \right),$$

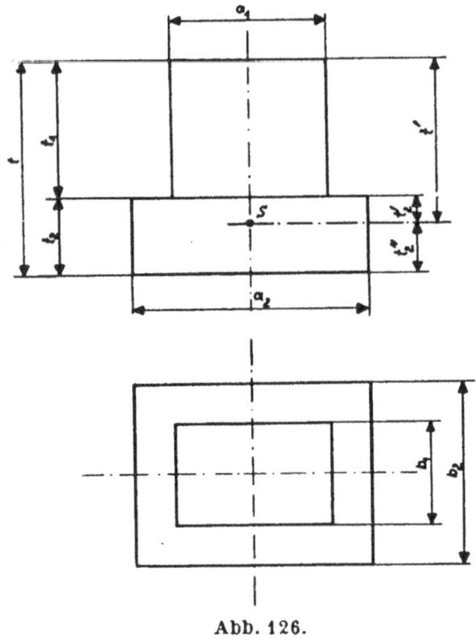

Abb. 126.

worin außer den aus Abb. 126 ersichtlichen Werten:

Z = Spitzenzug (einschl. Winddruck) in kg,

h = freie Mastlänge in m,

G = Gewicht des Mastes, des Fundamentes und des auf ihm ruhenden Erdreiches (der Böschungswinkel φ ist zu berücksichtigen),

$\operatorname{tg} \alpha < 0{,}01$ = Verschiebungswinkel des Mastes,

c = Baugrundziffern nach Tabelle 3 in kg/cm³.

Der Wert t' ist bei gutem Boden mit $^2/_3$ t, bei schlechtem Boden mit $^1/_2$ t einzusetzen.

Tabelle 3.

Baugrundziffern.

Bodenart	Baugrundziffer c kg/cm³
Leichter Torf- und Moorboden	0,5—1
Schwerer Torf- und Moorboden, feiner Ufersand	1—1,5
Schüttungen von Humus, Sand, Kies u. dgl.	1—2
Lehmboden, naß	2—3
feucht	4—5
trocken	6—8
trocken und hart	10
Festgelagerter (gewachsener Boden) Boden:	
Humus mit Sand, Lehm und wenig Steinen	8—10
dgl. mit viel Steinen	10—12
Feiner Kies mit viel feinem Sand	8—10
Mittlerer Kies mit feinem Sand	10—12
Mittlerer Kies mit grobem Sand und Grober Kies mit viel grobem Sand	12—15
Grober Kies mit wenig grobem Sand	15—20
Grober Kies mit wenig grobem Sand, sehr fest gelagert	20—25

(Lit.-Übersicht s. am Ende des nächsten Kapitels.)

VII. Die Organisation des Baues mit Schleuderbetonmasten.

Die Frage eines billigen Bauens mit Schleuderbetonmasten ist zu einem wesentlichen Teil ein Transportproblem. Dabei beansprucht der Überlandtransport gegenüber dem Bahntransport im allgemeinen den größeren Teil der Transportkosten. Da man heute an große Transportgewichte ohnehin gewöhnt ist und die üblichen Spezialfahrzeuge diese auch über alle praktisch in Frage kommenden Steigungen und Geländearten befördern können, ist für die Kostenfrage vor allem die Umladung von einem auf das andere Transportmittel bzw. von Lagerstellen auf die Transportgeräte ausschlaggebend. Hieraus ergibt sich als erster Grundsatz für den Abtransport der, daß die Maste von der Fabrikationsstelle bis zum Aufstellungsort möglichst wenig umgeladen werden. Diese Grundregel eines möglichst ununterbrochenen Materialdurchsatzes beherrscht ja in der heutigen Zeit der Fabrikation am laufenden Band auch die Bautechnik mehr und mehr. Sie gilt selbstverständlich nicht nur für die Maste selbst, sondern überhaupt für alle beim Bau verwendeten Materialien. Diese sollen von der Fertigstellung beim Lieferanten bis zur endgültigen Verwendung am Aufstellungsort möglichst ununterbrochen in Bewegung bleiben und nach Möglichkeit überhaupt nicht gelagert werden. Ein solches Verfahren wird zum geringsten Zeit- und Kostenaufwand führen.

Für Schleuderbetonmaste nebst Zubehör ist von der Fabrik bis zum Maststandpunkt in der Tat höchstens eine einzige Umladung nötig, nämlich die von der Bahn auf die Straßentransportmittel, und zwar in möglichster Nähe der Baustelle. Als Straßentransportmittel werden am besten Spezialfahrzeuge verwendet, wie sie im 4. Kapitel beschrieben sind, und die sich durch Vorspann verschiedener Zugmittel (Rad- und Raupenschlepper, und falls diese nicht vorhanden, auch Pferdegespann) fortbewegen lassen. In jedem Falle aber müssen die Maste, nachdem sie auf dem Bahnhof auf das Spezialfahrzeug umgeladen sind, ohne weitere Umladung bis zu ihrem Standort auf dem gleichen Fahrzeug bleiben.

Die Organisation des Versandes muß nun in der Art erfolgen, daß das Verteilen der Maste auf die Baustrecke im glatten Zug durchgeführt werden kann. Zu diesem Zwecke wird die Strecke in Abschnitte geteilt, welche jeweils bestimmten, entsprechend gelegenen Ankunftsbahnhöfen zugeteilt werden. Die Einteilung ist so vorzunehmen, daß die Summe aller Wege von den Bahnhöfen zu den einzelnen Maststandorten ein Minimum wird. Das Lieferwerk der Maste erhält die Anordnung, die einzelnen Waggons nach einem bestimmten, vorher aufzustellenden Programm zu beladen und zu festgelegten Terminen nach diesen Bahnhöfen abzufertigen. Die Lieferzeiten müssen so ausgemacht sein, daß dieses Programm unbedingt eingehalten werden kann. Die Maste werden ihrer Länge wegen auf den Spezialwaggons und die zu ihnen gehörigen Zubehörteile (Traversen, Blitzseilträger, Fundamentplatten, Verbindungsstücke usw.) auf besonderen Rungenwagen verladen und in leicht erkennbarer Weise numeriert, so daß beim Abladen einwandfrei übersehen werden kann, welche Teile zueinander gehören. Zweckmäßig ist dabei die Vorschrift zu machen, daß die Maste auf dem Waggon in der Reihenfolge liegen, wie sie in der Linienführung der Baustrecken aufeinander folgen, d. h. die zuerst benötigten Maste obenauf usw. Die Abladekolonne mit ihrem Hilfsgerät und den leeren Transportwagen hat sonst unnötig weite Leerwege zurückzulegen und beeinträchtigt die anderen Transportkolonnen in ihrer Leistungsfähigkeit. Ja, es ist sogar zweckmäßig, von vornherein darauf zu achten, von welcher Seite auf dem Bestimmungsbahnhof abgeladen wird und auch hierauf bei den Verladungsschemen für die Lieferfirma Rücksicht zu nehmen. Alle diese Anordnungen, die mit der größten Gewissenhaftigkeit durchgeführt werden müssen, sind nur scheinbar umständlich und wirken sich in bedeutenden Ersparnissen an Baukosten aus. Ein Verladungsschema ist in Tabelle 4 als Muster dargestellt.

Bei der Ankunft des ersten Waggons auf dem ersten Entladebahnhof muß dort das erforderliche Transportgerät, bestehend aus Spezialmastwagen und Vorspannfahrzeugen, bereitstehen. Die Maste werden nun der Reihe nach zusammen mit ihrem Zubehör von den Eisenbahnwagen auf das Spezialfahrzeug umgeladen und unmittelbar an die Verwendungsstelle gefahren. Die Zahl der pro Kolonne erforderlichen Fahrzeuge hängt von deren Entfernung ab. Die Geschwindigkeit der Zugmaschinen ist unter Berücksichtigung des Zustandes der Straßen und des Geländes mit einiger Erfahrung recht genau festlegbar. Es hat sich bei mittleren Entfernungen des Bahnhofs von der Baustelle (5 bis 10 km) als praktisch erwiesen, für die Transportkolonne drei Spezialwagen bereitzustellen. Ihre Leistung pro Tag ist nach Entfernung und Geländebeschaffenheit vorher genau zu übersehen, so daß das Eintreffen des nächsten und der weiteren Waggons auf den Tag genau vorgesehen werden kann. Für die im Bahntransport liegende Zeit-

Tabelle 4.

Verladedisposition (Muster).

Datum	SS-Wagen lfd. Nr.	Rungenwagen lfd. Nr.	Nach Bahnstation	Material
11. III. 30	1		Oberdorf	1 Tragmast 20,5/500 Nr. 5 1 » 22/500 » 6 1 Abspannmast 17/1100 » 1 1 Trag-Abspannmast 21/1000 » 4 1 Portal bestehend aus: 1 Mast 11,2/2600 » 2 1 » 11,2/2000 » 2a 1 Portal bestehend aus: 2 Masten 11/1100 » 3/3a 1 Postkreuzungsmast 21/2000 » 7
11. III. 30		1 a	desgl.	5 Satz Tragtraversen Nr. 5, 6, 10—12 3 » Abspanntraversen » 1, 4, 9 2 » Postkreuz.-Trav. » 7, 8 2 » Portaltraversen » 2, 3
11. III. 30		2 a	desgl.	51 Fundamentsplatten Nr. II mit Bügeln für Mast Nr. 5, 6, 10—24 4 Spitzkappen für Portalmast Nr. 2, 3
13. III. 30	2		desgl.	2 Tragmaste 18/500 Nr. 10, 15 2 » 19/500 » 11, 14 2 » 20/500 » 12, 13 1 Abspannmast 19/1100 » 9 1 Postkreuz.-Mast 21/2000 Nr. 8
13. III. 30		3 a	desgl.	12 Satz Tragtraversen für Nr. 13—24
16. III. 30	3		desgl.	4 Tragmaste 18/500 Nr. 16—18, 22 5 » 19/500 » 19—21, 23, 24
19. III. 30	4		Mitteldorf	3 Tragmaste 19/500 Nr. 25, 27, 32 3 » 19,5/500 » 28, 30, 21 1 » 20,5/500 » 29 1 Abspannmast 19/2600 » 26
19. III. 30		4 a	desgl.	11 Satz Tragtraversen für Nr. 25, 27—32, 35, 36, 38, 39 2 » Abspanntraversen für Nr. 26, 37 2 » Talkreuzungstrav. für Nr. 33, 34
usw.	usw.	usw.	usw.	usw.

unsicherheit gilt der Grundsatz, lieber einen Tag Wagenstandgeld zu zahlen als die Kolonne 1 Stunde warten zu lassen, da der erste Weg immer der billigere ist. Nach dem Abholen des letzten von einer bestimmten Umladestelle zu verfahrenden Mastes, begibt sich die Transportkolonne vom Ablieferungsort auf den nächsten Bahnhof, wo der nächste Waggon bereits eingetroffen ist.

Auf diese Art gelingt es, wie die Erfahrung gezeigt hat, mit sehr geringem Zeit- und Kostenaufwand auch die schwersten Gestänge zu verteilen (vgl. Lit. 41). Die Transportkosten der Schleuderbetonmaste kommen dabei nicht höher, unter Umständen sogar niedriger, als die von Stahlmasten. Bei diesen kommt ja meist noch hinzu, daß sie nicht im ganzen, sondern geteilt verladen und zur Frachtersparnis auf den Waggons ineinandergeschachtelt werden. Dies verursacht beim Abladen größeren Zeitaufwand und einen weiteren zum Zusammensetzen dieser Teile auf der Baustelle.

Die Kosten des Ausfahrens selber sind wohl durch den Triebmittelverbrauch der Fahrzeuge bei den größeren Gewichten etwas höher, jedoch ist deren Anteil an den Transportkosten überhaupt gering.

Bei Pferdebespannung ist dies etwas anders, und daher ist diese in den letzten Jahren im Freileitungsbau fast ganz verlassen worden. Sie beschränkt sich auf Spezialfälle bei kleiner Mastzahl oder wo aus irgendwelchen Gründen besonders billige Gespanne zu haben sind.

Die erforderlichen Einzelheiten des Transportes sind im 4. Kapitel behandelt.

Die Transportkolonne besteht außer den Fahrzeugführern und Begleitmannschaften (2 Mann pro Fahrzeug) aus den Abladegruppen am Bahnhof und auf der Baustelle. Beide Gruppen besorgen in den zwischen den einzelnen Transporten liegenden Zeiten Nebenarbeiten: die Bahnhofsgruppe das Abladen der Fundament- und sonstigen Materialien, diejenige auf der Baustelle Vorbereitungsarbeiten für das Maststellen.

Für Zement, Sand und Kies zu den Fundamenten und die sonstigen erforderlichen Materialien, die ja gewöhnlich von anderer Seite kommen als die Maste, sind die Versanddispositionen ebenfalls so zu treffen, daß die zugehörigen Mengen gleichzeitig mit den Masten eintreffen. Das Mastabladen einschließlich Zubehör erfordert etwa 20 Minuten. In den Zwischenzeiten, die sich auch bei genügender Anzahl von Fahrzeugen stets ergeben, besorgt die Abladegruppe das Abladen dieser Materialien. Der Zement wird in Zwischenlager in die nächstgelegenen Ortschaften verteilt (da er stets in geschlossenen Räumen lagern muß), Sand und Kies unmittelbar mit den Masten verfahren und an die Baustellen verteilt.

Die Abladegruppe an der Baustelle benützt die Zwischenzeiten, um die Maste in die genau richtige Lage zu bringen, aufzubocken (zur Anbringung der Traversen), die Traversen überzuschieben und zum

Vergießen fertigzumachen (vgl. S. 81) sowie die Hilfsgeräte rechtzeitig zum nächsten Mastabladeplatz zu schaffen.

Ähnliche Grundsätze für ein glattes ununterbrochenes Arbeiten sind auch für die weiteren Abschnitte des Baues gültig. Es empfiehlt sich, die Arbeiten auf einzelne Kolonnen zu verteilen. Bei größeren Bauten wären außer der Transportkolonne etwa noch folgende Spezialkolonnen zu bilden, deren Größe so gegeneinander abzustimmen ist, daß sie im gleichen Takt arbeiten:

Eine Grabkolonne für das Ausschachten der Mastlöcher,

eine Vorbereitungskolonne für das Anbringen der Traversen, Verbindungsstücke usw.,

eine Stellkolonne für das Stellen der Maste,

eine Fundamentkolonne für das Herstellen der Fundamente, das Zuschütten der Mastlöcher und die Aufräumungsarbeiten auf der Baustelle.

Die elektrotechnischen Baukolonnen (Trassierungs-, Drahtzug-, Meßkolonne usw.) sind hier nicht besonders erwähnt.

Die Stellkolonne ist diejenige, welche den anderen Kolonnen das Tempo vorschreibt. Durch die Größe der Maste ist die Anzahl, welche pro Tag gestellt werden können, bestimmt (vgl. 5. Kapitel). Man wird also die Leistung der anderen Kolonnen so einrichten, daß sie ihr im entsprechenden Tempo vorangehen bzw. folgen, ohne sich gegenseitig zu stören.

Für die Grabkolonne ergeben die Größe des auszugrabenden Erdreichs und die Bodenverhältnisse die erforderliche Anzahl Hilfsarbeiter, die von einem Hilfsmonteur angeführt werden. Diesem wird eine Liste mit den Abmessungen der einzelnen Mastlöcher, geordnet nach den Mastnummern auf den Trassierungspflöcken übergeben. Zweckmäßig wird diese Kolonne auch die zum Stellen der Maste notwendigen Hilfsankerlöcher ausheben, deren Größe und Lage gegenüber dem Mastloch die Liste ebenfalls enthalten muß. Bei sorgfältiger Aufstellung der Liste ist es möglich, diese Kolonne ganz selbständig arbeiten zu lassen, ohne den Bauleiter mit Einzelanordnungen zu belasten.

Da man für die eigentliche Grabarbeit nur das billigste Personal verwenden darf, ist es zweckmäßig, durch den Hilfsmonteur und einen Arbeiter, welche vorausgehen, die Löcher abzustecken und etwa 10 cm tief auszuheben. Die eigentlichen Grabarbeiter brauchen dann nur mechanische Arbeit zu leisten, und man ist gegen böswilliges Versetzen der Absteckpfähle oder Mastlöcher besser gesichert. Bei diesen scheinbar einfachen Arbeiten muß mit größter Sorgfalt vorgegangen werden, denn das spätere Versetzen eines falsch plazierten Mastes ist sehr umständlich und kostspielig.

Das Grabpersonal wird so aufgestellt, daß an einem Mastloch, nicht mehr als 2, bei sehr großen 3 Mann arbeiten, da sie sich bei größerer Zahl nur gegenseitig behindern. Die Leistungsfähigkeit dieser Kolonne ist im übrigen wie die keiner anderen variabel je nach den im Zuge der Leitung oft stark wechselnden Bodenverhältnissen. Auch auf die Laufzeiten und die schlechte Kontrollmöglichkeit der weit verteilten Arbeitergruppen ist beim Voranschlag Rücksicht zu nehmen. Im allgemeinen wird man etwa mit Zeiten zu rechnen haben, die um 50% höher liegen als die im Hochbau üblichen.

Aus allen diesen Gründen sind die Summen, die bei größeren Leitungsbauten für das Ausheben der Mastlöcher bereitgestellt werden müssen, ziemlich erheblich. Der Gedanke liegt nahe, diese Arbeiten mechanisch verrichten zu lassen. Konstruktionen solcher Geräte (Bagger) sind schon auf dem Markt erschienen (vgl. Abb. 127). Der abgebildete Bagger ist auf Raupen (etwa wie ein Raupenschlepper) fahrbar und daher leicht transportabel. Je nach der Zahl der eingesetzten Becher ist seine Leistung in weiten Grenzen regulierbar und genügt auch für Leitungen mit großen Fundamentabmessungen vollkommen. Der Nachteil dieser Geräte ist nur der, daß sie auf guten Boden ohne viel Steine beschränkt sind. Die Ankerlöcher können in einem, die Mastlöcher in 3—4 Arbeitsgängen ausgehoben werden. Die Ersparnis gegenüber Handarbeit soll 30—40% betragen. Es bleibt abzuwarten, ob sich derartige Geräte in Zukunft allgemein einführen werden.

Die Vorbereitungskolonne übernimmt die vor dem Stellen der Maste erforderlichen Arbeiten, soweit sie die Abladegruppe noch nicht erledigt hat: Anbringen der Traversen, der Verbindungsstücke bei Doppelmasten und der Blitzseilträger (falls diese nicht angeschleudert sind). Zwischen ihr und der Stellkolonne muß ein Abstand von mindestens 3 Tagen sein, der zum Abbinden und Erhärten des Betons nötig ist, mit dem die Traversen befestigt wurden. So lange müssen die Maste mit den aufgegossenen Traversen ruhen (vgl. 3. Kapitel).

Bei der Stellkolonne ist wiederum eine zweckentsprechende Ausrüstung von ausschlaggebender Bedeutung. Hierüber ist das Nähere im 5. Kapitel gesagt. Fahrbare Stellzeuge, welche sowohl von Hand als auch durch die Zugmaschine von einem Mastloch zum anderen bewegt werden können, haben sich vor allem bewährt. Die dort beschriebene Methode mit fahrbaren Stellzeugen und eingebauter Winde ist auch für die größten und schwersten Maste diejenige, welche den geringsten Zeit- und Kostenaufwand ergibt. Nach Beendigung der Aufstellung, nachdem also der Mast mit seinen Hilfsverankerungen im Mastloch steht, rückt die Kolonne zum nächsten Mast vor und überläßt die restlichen Arbeiten der Fundamentkolonne.

Diese besorgt das Anbringen der Fundamentplatten bzw. das Herstellen der Blockfundamente, schüttet die Mastlöcher zu, ebnet das

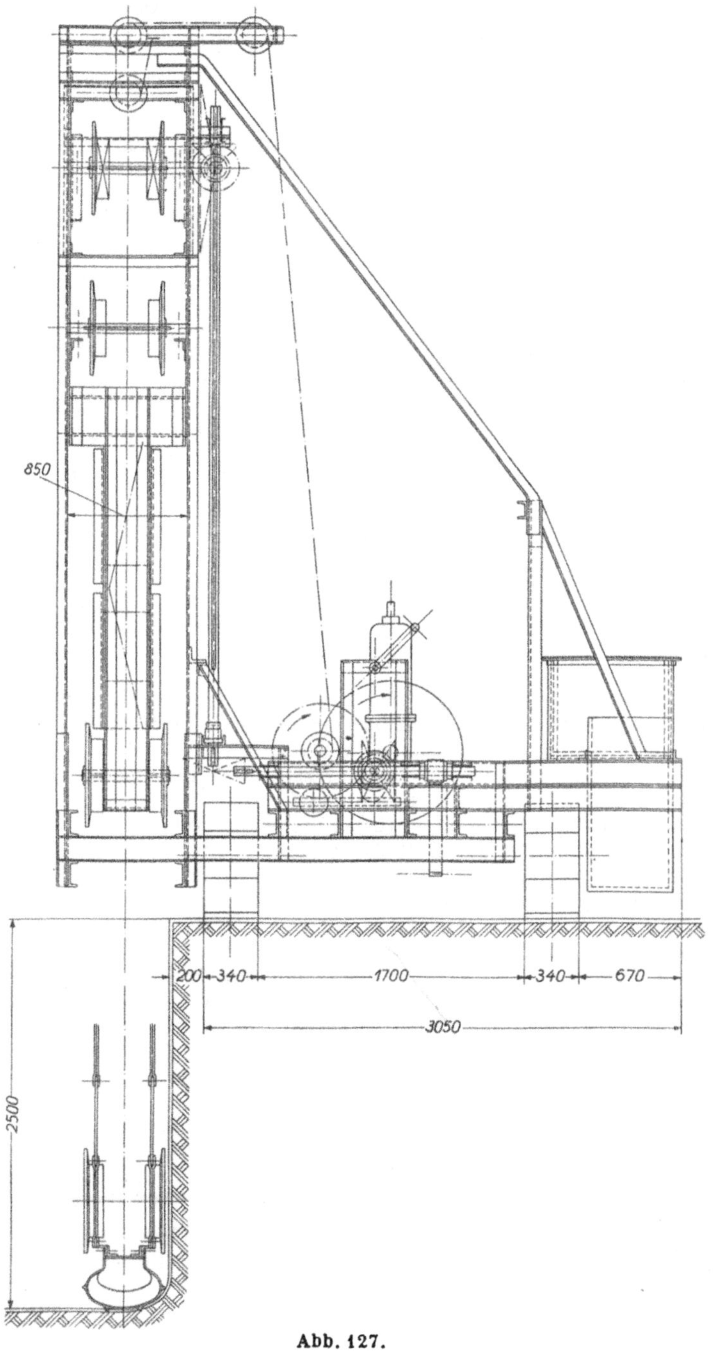

Abb. 127.

Gelände ein, sorgt für den Abtransport etwaiger überflüssig ausgeschachteter Erde und macht die letzten Aufräumungsarbeiten. Ihr kann unmittelbar die Montagekolonne folgen, welche das Ausziehen der Seile erledigt.

Bei dem Bau einer 60-kV-Leitung, der in Lit. 41 beschrieben ist, war die Einteilung die folgende:

Transportkolonne: 3 Mastspezialwagen, 1 Radschlepper, 1 Raupenschlepper, 1 Lastkraftwagen für 5 t[1]),
1 Vorarbeiter mit 5 Mann als Abladegruppe am Bahnhof,
1 » » 7 » » » an der Baustelle,
2 Schlepperführer und 1 Lastwagenführer mit je 2 Begleitmann,
Grabkolonne: 1 Vorarbeiter, 24 Mann,
Vorbereitungskolonne: 1 Polier mit 2 mal 3 Mann,
Stellkolonne: 2 Stellzeuge, 2 Vorarbeiter, 22 Mann,
Fundamentkolonne: 1 Beton-Mischmaschine[2]), 1 Vorarbeiter, 8 Mann.

Literatur-Übersicht.

Außer den nachstehend genannten Veröffentlichungen bringen die Nummern 3, 5, 26, 29, 36, 41, 49—54 der Lit.-Übersicht des 1. Kapitels hierauf Bezügliches.

68. Kapper, Freileitungsbau-Ortsnetzbau, 2. Aufl., München und Berlin 1920.
69. Langhard, Schweizer Elektrot. Verein, Bulletin 1928, Nr. 12, S. 389.
70. Elektrotechn. u. Maschinenbau (Wien) 1923, Heft 28, S. 401.
71. »Vorschriften für den Bau von Starkstrom-Freileitungen« V. S. F. 1930 vom Januar 1930, herausgegeben vom VDE.
72. Die in Tabelle 2 genannten ausländischen Vorschriften.
73. Zement u. Beton 1911, Heft 24, S. 291.
74. Bloß, El. Kraftbetriebe u. Bahnen 1911, Heft 1, S. 14.
75. Kleinlogel, Einflüsse auf Beton, 3. Aufl., Berlin 1929.
76. Elektrojournal 1922, Heft 7, S. 202.
77. Dörr, Bautechnik 1924, Heft 5—7.
78. Fröhlich, Beitrag zur Berechnung von Mastfundamenten, Berlin 1922.
79. Kleinlogel, in »Forschungsarbeiten des VDI« (Festgaben für C. von Bach), Berlin 1927, S. 43.
80. Schweizer Elektrot. Verein, Bulletin 1924, Heft 5, S. 185.
81. dgl. 1925, Heft 10, S. 509.
82. dgl. 1927, Heft 6, S. 337.
83. Fördertechnik u. Frachtverkehr 1926, Heft 14, S. 208.
84. Sonderdruck Nr. 33 (1924) der Sachsenwerk A. G.
85. Mitteilungen der Hermsdorf-Schomburg. Isolatoren G. m. b. H., Heft 14, S. 384.

---

[1]) Zur Beförderung von Zement, Sand, Kies, Kleinmaterial usw.
[2]) Für diese Arbeiten hat sich der »Jäger«-Schnellmischer gut bewährt.

VIII. Die Kosten der Freileitungen auf Schleuderbetonmasten.

Heute ist die Meinung, wenigstens in Deutschland, noch weit verbreitet, daß Leitungen mit Betonmasten stets teurer seien als andere und daß die Durcharbeitung des Projektes mit Betonmasten sich daher gar nicht erst lohne, wenn man billig bauen will.

Gewiß treffen in Deutschland nicht die überaus günstigen Umstände zu, wie z. B. in Italien (vgl. 1. Kapitel). Dort sind die Schleuderbetonmaste ganz merklich billiger[1]) als Stahlmaste und auch Holzmaste sind so teuer, daß die Betonmaste gut mit ihnen konkurrieren können. Hier ebenso wie in anderen Ländern ähnlicher Wirtschaftsstruktur ist die Kostenfrage von vornherein zugunsten der Schleuderbetonmaste entschieden.

Mag nun aber auch in Deutschland, als einem ausgesprochenen Eisenland, das noch dazu ziemlich holzreich ist, das Preisverhältnis so günstig wie dort nicht sein, so ist doch die eingangs wiedergegebene Meinung heute auch hier nicht mehr zeitgemäß. Die in den letzten Jahren durchgearbeiteten Projekte und Ausführungen haben vielmehr oft ergeben, daß bei den heutigen Herstellungspreisen der Maste die Gesamtkosten der Leitungsanlage entweder schon für sich nicht oder nur unwesentlich höher ausfallen, als mit den sonst gebräuchlichen Masten oder daß wenigstens die Wirtschaftlichkeit unter Heranziehung der Beträge für die Instandhaltung durchaus gegeben war, da ja diese letzteren Kosten für Schleudermaste ganz wegfallen. Die folgenden Ausführungen sollen die Grundlagen für solche wirtschaftliche Vergleichsrechnungen geben.

Zur Ausarbeitung eines solchen Angebotes auf das Gestänge sind etwa folgende Angaben zu machen. Die Schleudermastfirmen geben solche Angebote heute ab, da sie die Aufstellung gewünschtenfalls mit übernehmen.

---

[1]) Nach Angabe der S.C.A.C. im Durchschnitt 10—15%.

Fragebogen für Gestängeangebote.

Angaben über das Gestänge selbst:

1. Spannung,
2. Stromart,
3. Leitungsbelag: Querschnitt und Anzahl der Leiter,
4. Blitzseil (Erdseil): Anzahl und Querschnitt,
5. Betriebs-Telephonleitungen: Anzahl und Querschnitt,
6. Material der Leiter, Blitzseile und Telephonleitungen,
7. Seilspannung der Leiter, Blitzseile und Telephonleitungen,
8. Isolatorenart und Zahl der Glieder bei Hängeketten,
9. Phasenabstand } falls abweichend von den VDE-Vorschriften,
10. Erdabstand }
11. Mastkopfbild.

Angaben über die Baustrecke:

12. Leitungslänge,
13. Lage der Leitungsstrecke (Bahnstationen),
14. mittlere Entfernungen der Baustellen von den nächsten Stationen,
15. mittlere Spannweite,
16. Spezialmaste: Anzahl und Verwendungszweck.

Diese Angaben 12—16 werden zweckmäßig durch einen Trassenplan erläutert.

Allgemeine Angaben:

17. Zufahrtwege, Beschaffenheit,
18. Geländebeschaffenheit an den Baustellen,
19. Baugrund (zulässige Bodenpressung),
20. örtliche Witterungsverhältnisse (Raufreif usw.).

Die erste Projektarbeit ist die Feststellung der wirtschaftlichsten Spannweite. Die bekannten Methoden hierfür können auf Schleudermaste ohne weiteres angewendet werden. Am ausführlichsten ist die Frage bei Klingenberg (Lit. 5) behandelt. Auf den gleichen Grundlagen wie an dieser Stelle, jedoch unter Anpassung an die heute gültigen Vorschriften und Konstruktionen, ist im folgenden versucht worden, die Frage zu behandeln, ob die wirtschaftliche Spannweite unter gegebenen Verhältnissen bei Schleuderbetonmasten anders ausfällt, wie bei Stahlmasten, ob also die bei den einzelnen Baufirmen für die Spannweite vorhandenen Tabellen ohne weiteres verwendet werden können, wenn Projekte mit Betonmasten bearbeitet werden.

Es seien folgende 3 Leitungstypen betrachtet:

I. 35 kV, Leitungsbelag 3 × 35 mm² Cu-Seil, Stützisolatoren,

II. 60 kV, Leitungsbelag 3 × 70 mm² Cu-Seil, 1 × 35 mm² Erdseil (Bronze), Hängeketten,

III. 100 kV, Leitungsbelag 6 × 95 mm² Cu-Seil, 1 × 50 mm² Erdseil (Bronze), Hängeketten.

Die Abb. 128—130 zeigen das Ergebnis der. Untersuchung. Die wirtschaftlichste Spannweite ist im Fall I bei Stahlmasten und Betonmasten übereinstimmend ca. 157,5 m, im Fall II bei Stahlmasten ca. 190 m, bei Betonmasten ca. 195 m, im Fall III bei Stahlmasten ca. 220 m, bei Betonmasten ca. 215 m. Die Abweichungen sind also in

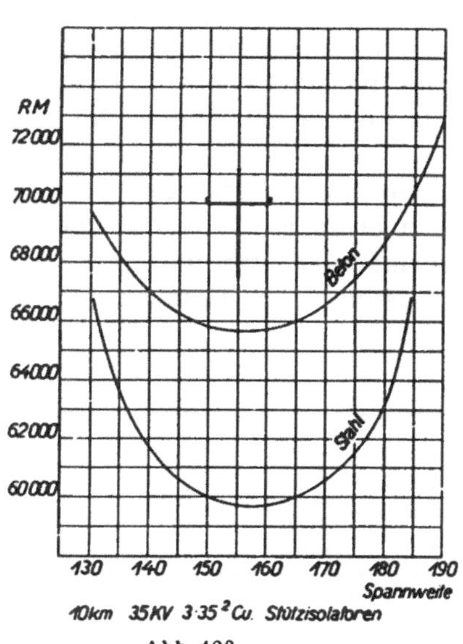

Abb. 128.

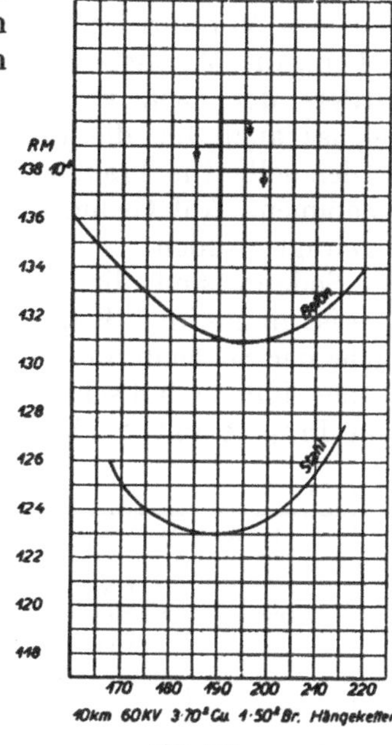

Abb. 129.

Ansehung der überhaupt erreichbaren Genauigkeit solcher Ermittlungen sehr unbedeutend, was mit der Erfahrung an einer großen Zahl von Projekten übereinstimmt. Hieraus ergibt sich die Zulässigkeit der Verwendbarkeit vorhandener Tabellen der wirtschaftlichen Spannweite auch für Schleudermaste. Das Ergebnis überrascht nicht, da die Preisunterschiede der Stahl- und Betonmasten nicht übermäßig groß sind und andererseits schon die Ermittlungen von Klingenberg die ziemlich weitgehende Un-

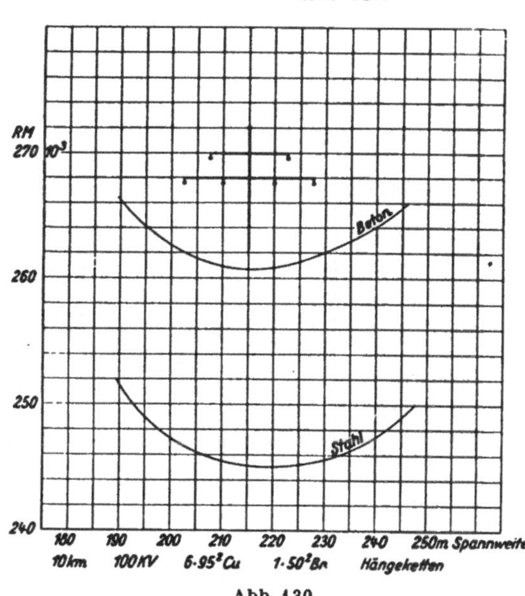

Abb. 130.

empfindlichkeit des Wertes der wirtschaftlichsten Spannweite vom Mastpreis ergeben haben (vgl. Lit. 5, S. 192).

Ist in dieser oder ähnlicher Weise die wirtschaftliche Spannweite ermittelt und auf Grund derselben die Zahl der Trag- und Spezialmaste nach den Vorschriften sowie den Trasseneigentümlichkeiten festgelegt, so kann die Mastliste aufgestellt werden. Dies ist in Tabelle 5 für das mittlere der oben verwendeten Beispiele (Fall II, 60 kV) geschehen, welches auch für die folgenden Vergleichsrechnungen weiter benützt werden soll. Die Traversen werden in die Mastliste am besten mit aufgenommen. Auf Grund der Mastliste können die Maste und Traversen angefragt werden.

Sodann sind die anfallenden Grunderwerbskosten zu ermitteln. Hier ist an das im 6. Kapitel Gesagte zu erinnern, daß nämlich die Grundfläche der Schleudermaste im allgemeinen geringer und die Fundamente kleiner sind, so daß schon in diesen Kosten häufig Ersparnisse gegenüber dem Projekt mit Stahlmasten liegen.

Tabelle 5. Mast-

Mast-Nr.	Mastart, Masthöhe und Eingrabstiefe (in m)					Portal	Spitzenzug in kg	Zahl der Erdungsdübel
	Tragmast	Trag-Abspann-mast	Abspann-mast	Post-kreuzungs-mast	Tal-kreu-zungs-mast			
1			17/2,2				1100	1
2						11,2/2,2 11,2/2,2	2600 2000	2 2
3						11,2 11,2	1100 1100	2 2
4		21/2,5					1100	1
5	20,5/2,5						500	1
6	22/2,5						500	1
7				21/2,5			2000	1
8				21/2,5			2000	1
9			19/2,5				1100	1
10	18/2,2						500	1
11	19/2,5						500	1
12	20/2,5						500	1

Weiterhin ist eine Zusammenstellung der außer den Masten erforderlichen Materialien (Isolatoren, Kleinmaterial usw.) zu machen und deren Kosten einzuholen.

Es folgt dann die Ermittlung der Kosten für Erdarbeiten und Fundamente. Auch sie werden zweckmäßig listenweise angelegt, und diese Listen bilden eine brauchbare Unterlage für die beim Bau selbst später zu verwendenden Erdaushub- und Fundamentlisten (vgl. 6. Kapitel).

Es folgen dann die Kosten für den Transport auf Grund der im 4. und 7. Kapitel gegebenen Unterlagen sowie die für das Stellen der Maste und der damit verbundenen Nebenarbeiten (5. Kapitel).

Endlich sind noch die allgemeinen Unkosten für Bauleitung, Amortisation der Baugerüste, Trassieren und alle Nebenarbeiten einzusetzen.

Die Unterlagen für alle diese Ermittlungen, soweit sie nicht in den vorhergehenden Kapiteln gegeben sind, werden aus der Erfahrung der Baufirmen und natürlich auch aus örtlichen Lohn- usw. Verhältnissen gegeben sein, und es ist hier nicht der Ort, für sie eine Anleitung

Liste. **Tabelle 5.**

Traversen		Fundamentplatten		Beton-Fundamentart (Größe)	Erdseilklemmen		Raum für weitere Felder über: Isolatoren, Abspannbügel, Aufhängeösen usw.	Bemerkung
Art	Anzahl	Art (Größe)	Anzahl		Tragklemme	Abspannklemme		
B	3	—	—	XVII	—	1		
C	1	—	—	2 × XVIII	—	—		an jedem Mast oben und unten je 1 Erdungsdübel.
D	1	—	—	2 × XI	—	—		} überkreuzt 20 kV-Leitung nach X.
B	3	—	—	XXI	—	1		
A	3	II	3	—	1	—		
A	3	II	3	—	1	—		
E	3	—	—	XXVI	—	1		} überkreuzt Postleitung nach Y und Niederspannungsleitung nach X.
E	3	—	—	XXVI	—	1		
B	3	—	—	XXII	—	1		} Wegkreuzung.
A	3	II	3	—	1	—		
A	3	II	3	—	1	—		
A	3	II	3	—	1	—		

zu geben. In Abb. 131 sind nun die in den vorhergehenden Ermittlungen erhaltenen Werte denen der entsprechenden Stahlmastleitungen gegenübergestellt. Man sieht, daß die Unterschiede in den Gesamtkosten recht gering sind, im Fall I ca. 10%, im Fall II ca. 6,5%, im Fall III ca. 8% Mehrpreis der Schleudermastleitung.

Es ist nun die Frage zu stellen:

Wieviel darf eine Schleudermastleitung teurer sein als eine solche auf Stahlmasten, wenn sie ebenso wirtschaftlich oder wirtschaftlicher sein soll?

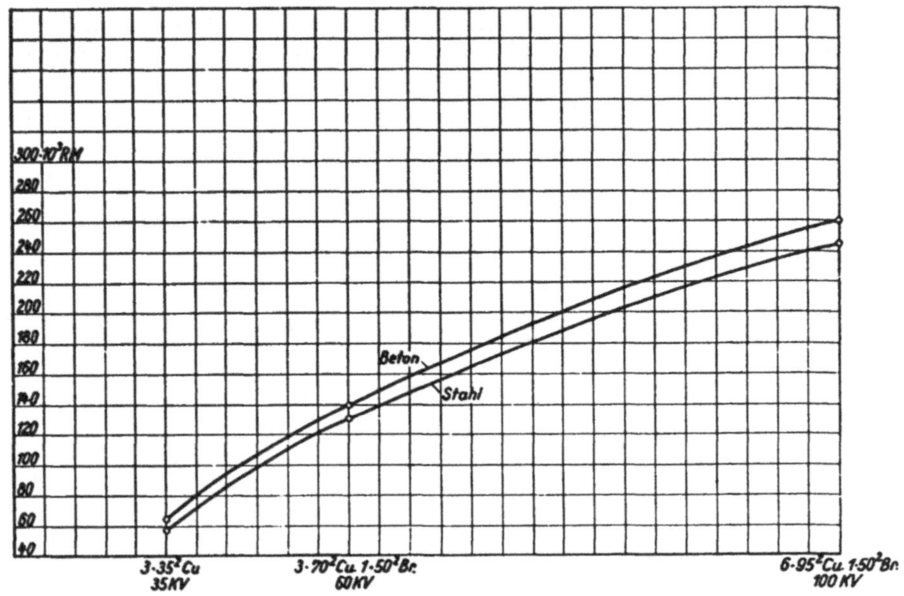

Abb. 131.

Daß sie teurer sein darf leuchtet ohne weiteres ein, wenn man bedenkt, daß auch die ältesten existierenden Schleudermastleitungen noch nie Instandhaltungskosten verursacht haben, während diese, bestehend in Entrosten, Anstrich, Auswechseln usw. neben den ebenfalls kostspieligen Betriebsunterbrechungen während dieser Arbeiten bei Stahlmasten in regelmäßigen Zwischenräumen anfallen, und der Erfahrung nach nicht gering sind.

Eine von a zu a Jahren über einen Zeitraum von n Jahren wiederkehrende Ausgabe für Instandhaltung im Betrage von A stellt nach diesen n Jahren mit Zinseszinsen einen Wert dar von

$$K_n = A\,(p^{n-a} + p^{n-2a} + p^{n-3a} + \ldots).$$

Hierin bedeutet p den »Diskontfaktor«, welcher zu dem Zinsfuß z in der Beziehung steht

$$p = \frac{100 + z}{100}.$$

Der Wert K_n kann getilgt werden durch eine jährliche Rente von

$$k_n = K_n \frac{p - 1}{p^n - 1}.$$

Diese Rente repräsentiert, bezogen auf das Anfangsdatum, also die Bauzeit, ein Kapital von

$$K_0 = k_n \cdot \frac{p^n - 1}{p^n \cdot (p - 1)} = K_n \cdot \frac{1}{p^n}.$$

Wenn man hierin die Werte der ersten Gleichung einsetzt, ergibt sich ein Ausdruck für das den Instandsetzungen entsprechende Anfangskapital in der Form

$$K_0 = A \cdot m,$$

worin

$$m = \frac{1}{p^n} \cdot (p^{n-a} + p^{n-2a} + p^{n-2a} + \ldots .).$$

Zur Vereinfachung dieser Rechnungen sind in den Tabellen 6—10 die Werte dieses Faktors m für verschiedene Zinsfüße z und verschiedene Jahresperioden a ausgerechnet, und zwar unter Zugrundelegung von fünf verschiedenen Zeiträumen n. Dieser Zeitraum n ist die Gebrauchsdauer der Leitung, welche je nach ihrem Verwendungszweck für solche Rentabilitätsrechnungen verschieden hoch angesetzt werden muß. Es wäre verkehrt, diesen Zeitraum mit »Lebensdauer« zu bezeichnen, wie dies z. B. bei Holzmasten und in nicht ganz so starkem Maße bei Stahlmasten erforderlich ist, denn die Lebensdauer von Betonmasten kann praktisch als unbegrenzt angenommen werden. Mit Rücksicht auf Änderungen, Erweiterungen, Spannungserhöhungen usw. im Netz kann man jedoch die Gebrauchsdauer der Leitung nicht als unbegrenzt annehmen. Es ist aber daran zu denken, daß nach dieser Gebrauchsdauer die Betonmaste zur Verwendung bei anderen Leitungen in vollkommen neuwertigem Zustand zur Verfügung stehen, während Stahlmaste nach etwa 25jähriger Gebrauchsdauer wohl nur noch den Alteisenwert und Holzmaste nach einer weit kürzeren Gebrauchsdauer so gut wie überhaupt keinen Wert mehr darstellen. Einer der Hauptvorzüge der Betonmaste, ihre überragende Haltbarkeit kommt also in dem Ergebnis solcher Rechnungen noch gar nicht einmal genügend zum Ausdruck.

Die Höhe des bei Stahlmastleitungen einzusetzenden Betrages für A kann allgemein nicht angegeben werden. Der Betrag setzt sich zusammen aus den Kosten für die Materialien des Anstriches, den

Tabelle 6.

Kapitalisierungsfaktoren für eine Gebrauchsdauer von 20 Jahren.

Z. %	a (Jahre) 1	2	3	4	5
3	14,32	6,77	4,45	3,00	2,25
4	13,14	6,21	4,06	2,74	2,05
5	12,09	5,70	3,71	2,52	1,88
6	11,17	5,26	3,40	2,31	1,72
7	10,34	4,86	3,13	2,13	1,58
8	9,60	4,50	2,89	1,97	1,46
9	8,95	4,19	2,67	1,82	1,35
10	8,37	3,91	2,48	1,69	1,25

Tabelle 7.

Kapitalisierungsfaktoren für eine Gebrauchsdauer von 25 Jahren.

Z. %	a (Jahre) 1	2	3	4	5
3	16,93	8,34	5,48	4,05	2,80
4	15,25	7,47	4,88	3,59	2,51
5	13,80	6,75	4,38	3,20	2,26
6	12,55	6,11	3,94	2,87	2,04
7	11,48	5,54	3,57	2,58	1,84
8	10,54	5,06	3,24	2,34	1,67
9	9,71	4,63	2,96	2,12	1,53
10	8,99	4,28	2,72	1,94	1,40

Tabelle 8.

Kapitalisierungsfaktoren für eine Gebrauchsdauer von 30 Jahren.

Z. %	a (Jahre) 1	2	3	4	5
3	19,19	9,24	5,93	4,48	3,28
4	16,98	8,17	5,23	3,92	2,88
5	15,14	7,27	4,64	3,46	2,55
6	13,59	6,51	4,15	3,06	2,27
7	12,28	5,87	3,73	2,73	2,03
8	11,17	5,31	3,37	2,45	1,82
9	10,20	4,84	3,06	2,21	1,64
10	9,37	4,43	2,79	2,01	1,49

Tabelle 9.

Kapitalisierungsfaktoren für eine Gebrauchsdauer von 40 Jahren.

Z. %	a (Jahre) 1	2	3	4	5
3	22,82	11,08	7,38	5,22	4,05
4	19,59	9,50	6,27	4,45	3,45
5	17,02	8,23	5,40	3,84	2,96
6	14,95	7,21	4,69	3,34	2,57
7	13,27	6,37	4,13	2,94	2,25
8	11,89	5,69	3,66	2,60	1,99
9	10,73	5,11	3,27	2,32	1,77
10	9,75	4,63	2,95	2,09	1,58

Tabelle 10.

Kapitalisierungsfaktoren für eine Gebrauchsdauer von 50 Jahren.

Z. %	a (Jahre) 1	2	3	4	5
3	25,50	12,47	8,17	6,04	4,62
4	21,34	10,39	6,79	4,99	3,82
5	18,17	8,81	5,74	4,19	3,22
6	15,71	7,59	4,92	3,58	2,74
7	13,77	6,63	4,27	3,09	2,37
8	12,22	5,85	3,75	2,70	2,06
9	10,95	5,23	3,33	2,39	1,82
10	9,91	4,71	2,99	2,13	1,62

Arbeitskosten für das Entrosten und den Anstrich selbst, sowie endlich dem Einnahmeausfall, der dadurch entsteht, daß die Leitung während der Zeit der Arbeiten außer Betrieb genommen werden muß.

Dieser letzte Anteil ist sehr variabel je nach dem Verwendungszweck (Belastungskurven der Abnehmer, Benützungsdauer usw.), d. h. also einmal in seinem Mittel- und Höchstwert sehr verschieden, sodann aber auch zeitlich sehr veränderlich; diese Werte können die Verluste größer oder kleiner machen und müssen für jeden Fall gesondert nachgerechnet werden. Schließlich hängt dieser Wert auch vom Ausbau des Netzes ab; er wird groß bei einer einfachen Leitung und kleiner bei einer Ringleitung. Auch unter günstigsten Verhältnissen können Schwierigkeiten in der Lastverteilung auftreten, die für den gesamten Betrieb recht unangenehm werden können.

Die erfahrungsgemäß höhere Sicherheit der Betonmaste gegen Betriebsunterbrechung durch Störungen (Bruch durch Rauhreif und Wind, Torsionsbruch usw.), sowie die obenerwähnte Tatsache, daß die Betonmaste nach Ablauf ihrer Gebrauchsdauer noch vollkommen verwendungsfähig sind, ist hier noch nicht einmal berücksichtigt.

Werden die Rechnungen in dieser Weise durchgeführt, so dürfte sich die Überlegenheit der Schleudermastleitung heute fast ausnahmslos ergeben.

Literatur-Übersicht.

Außer den nachstehend genannten Veröffentlichungen bringen die Nummern 3, 5, 41, 43, 52, 53 der Lit.-Übersicht des 1. Kapitels hierauf Bezügliches.

86. Elektrotechnik u. Maschinenbau (Wien) 1923, S. 705.
87. Elektro-Journal 1924, Februarheft, S. 41.
88. dgl., Aprilheft, S. 115.
89. Bauingenieur 1924, Heft 17, S. 538.

IX. Der Ersatz von Holzmasten durch Schleuderbetonmasten.

Holzmastleitungen stellen bekanntlich eine dauernde Quelle von Ausgaben dar, weil sie ständig durch Auswechseln der verfaulten oder trotz aller Imprägnierungsverfahren angefaulten Maste, durch Einbau von Mastfüßen u. dgl. in betriebssicherem Zustand gehalten werden müssen. Demgegenüber verursachen Leitungen auf Schleuderbetonmasten so gut wie keine Instandhaltungskosten.

Von dieser vergleichenden Erwägung ausgehend, soll im folgenden die Frage untersucht werden, ob ein Ersatz der auf Holzmasten geführten Verteilungsleitungen durch solche auf Schleudermasten wirtschaftlich sein könnte.

Bis heute sind nur wenige Fälle bekannt, wo Holzmastleitungen durch solche auf Betonmasten ersetzt wurden (vgl. z. B. Abb. 26). Der Grund hierfür ist allein darin zu suchen, daß Holzmastleitungen in der erstmaligen Anschaffung sehr billig sind, der Bau also mit Betonmasten nicht unerheblich teurer ausfällt. Diese reine Preiserwägung ist gerade in der heutigen Zeit der schwierigen Kapitalbeschaffung immer wieder ausschlaggebend gewesen. Man nimmt die Instandhaltungskosten, welche die Holzmastleitung verursacht, dabei um so unbedenklicher in Kauf, als man hofft, sie in den kommenden Jahren aus den Betriebseinnahmen decken zu können und so die höheren Anschaffungskosten, deren Aufbringung selbst im Fall des Nachweises der Wirtschaftlichkeit gewissen Schwierigkeiten begegnet, fürs erste zu vermeiden.

Man überschätzt dabei häufig die Mehrkosten der Schleuderbetongestänge bei den heutigen Mastpreisen und unterschätzt andererseits ebensooft die wirkliche Höhe der anfallenden Instandhaltungskosten von Holzmastleitungen und deren kapitalmäßige Folgeerscheinungen.

Bezeichnet man die Baukosten einer Holzmastleitung für eine bestimmte Trasse in RM. pro km mit H, ihre jährlichen Instandhaltungskosten durch Auswechseln von Masten usw. im Durchschnitt ihrer Gebrauchsdauer, wobei auch die durch die Arbeiten entstehenden Betriebsausfälle entsprechende Berücksichtigung finden müssen (vgl. 8. Kap.), ebenso mit h, so ist der gesamte Kapitalaufwand für diese Leitung dargestellt durch den Ausdruck

$$H + f \cdot h.$$

Das zweite Glied des Ausdruckes trägt der Tatsache Rechnung, daß ein Kapital in dieser Höhe in Bereitschaft sein muß, dessen Rente gewissermaßen zur Instandhaltung der Leitung dient. Der »Kapitalisierungsfaktor« f, mittels dessen sich die Höhe eines solchen Kapitals errechnet, das während der wahrscheinlichen Gebrauchsdauer der Leitung (Konzessionsdauer od. dgl., vgl. 8. Kap.) von n Jahren eine erforderliche Rente h abwirft, bestimmt sich nach den bekannten Gleichungen der Amortisations- und Rentenrechnung[1]) zu

$$f = \frac{p^n - 1}{p^n \cdot (p - 1)},$$

worin

$$p = \frac{100 + z}{100}$$

und hierin z den jeweils gültigen Zinsfuß bedeutet.

Es ist dabei ganz gleichgültig, ob dieses Kapital wirklich »bereit« gehalten wird oder ob die Instandhaltungsarbeiten aus den Betriebseinnahmen bezahlt werden, denn im letzteren Falle vermindern sie den Betriebsgewinn und erhöhen dadurch indirekt das Betriebskapital in dem gleichen Maße, und es ist bilanzmäßig gleichgültig, ob man sie wie oben geschehen, zu den Baukosten der Holzmastleitung addiert oder vom Betriebsgewinn oder den Baukosten der Betonmastleitung subtrahiert. Auf jeden Fall stellt nur der obige Ausdruck den vollen Gegenwert des Kapitals dar, welches die Holzmastleitung bei ihrer Beschaffung beansprucht.

Der Ansatz in dieser Form besitzt gegenüber der vielfach angewendeten Rechnungsart, welche von der Lebensdauer der Holzmaste ausgeht, den Vorzug, daß diese darin gar nicht erscheint, Erörterungen und die ganzen problematischen Streitfragen über sie also nicht durchgefochten werden brauchen. Die »Lebensdauer« (Gebrauchsdauer) einer Leitung hängt ja praktisch von ganz anderen Erwägungen ab als die Lebensdauer der Maste, nämlich von dem fortschreitenden Ausbau des Netzes, der Verbrauchssteigerung, der Konzessionsdauer und vielem anderen. Der obige Ansatz aber gilt immer, ob die Leitung nun 10, 20 oder 50 Jahre in Betrieb bleiben soll, wenn nur der entsprechende Wert des Kapitalisierungsfaktors f eingesetzt wird. Der Betrag von h ist von jedem Überlandwerk ohne weiteres aus der Buchhaltung oder

---

[1]) Vgl. z. B. Hütte, 25. Aufl., Bd. I, S. 53.

Statistik festzustellen, oder auch als Erfahrungszahl bekannt. Er nimmt je nach den örtlichen Verhältnissen verschiedene Werte an.

Ganz entsprechend ist für Betonmastleitungen anzusetzen

$$B + f \cdot b,$$

wobei die Bezeichnungen sinngemäß gelten und b lediglich die Instandhaltungskosten für Isolatoren, Seile usw. darstellt, da die Schleuderbetonmaste selbst keinerlei Instandhaltungskosten bedürfen.

Setzen wir die beiden Ausdrücke gleich

$$H + f \cdot h = B + f \cdot b$$

und lösen die Gleichung auf, so ergibt sich

$$B = H + f \cdot (h - b).$$

Das heißt: übersteigen die Baukosten der Betonmastleitung nicht diesen Betrag, so ist sie der Holzmastleitung wirtschaftlich gleichwertig, sind sie geringer, so ist die Betonleitung überlegen.

Man setzt nun zweckmäßig die Instandhaltungskosten $(h - b)$, welche die Holzmastleitung mehr beansprucht ins Verhältnis zu ihrem Anschaffungswert. In der Tabelle 11 ist für die Werte von $(h - b)$ zwischen 0,5 und 5% der Baukosten, für Zinsfüße zwischen 3 und 10% und für eine Lebensdauer der Leitung von 25 Jahren derjenige Wert von B ausgerechnet, welcher sich aus der Gleichung ergibt, wenn der Wert für H gleich 100 gesetzt wird. Die Tabelle erlaubt also ohne weiteres abzulesen, um wie viel höher die erstmaligen Baukosten einer Betonmastleitung prozentual sein dürfen, wenn sie noch wirtschaftlich sein soll.

Tabelle 11.

Vergleichsfaktoren für eine Gebrauchsdauer von 25 Jahren.

Z. %	$h - b$ %									
	0,5	1	1,5	2	2,5	3	3,5	4	4,5	5
3	108,7	117,4	126,1	134,8	143,5	152,2	160,9	169,6	178,3	187,1
4	107,8	115,6	123,4	131,2	139,0	146,8	154,6	162,5	170,3	178,1
5	107,0	114,1	121,1	128,2	135,2	142,3	149,3	156,4	163,4	170,4
6	106,4	112,8	119,2	125,6	131,9	138,3	144,7	151,1	157,5	163,8
7	105,8	111,7	117,5	123,3	129,1	135,0	140,8	146,6	152,4	158,3
8	105,3	110,7	116,0	121,3	126,7	132,0	137,4	142,7	148,0	153,4
9	104,9	109,8	114,7	119,6	124,6	129,5	134,4	139,3	144,2	149,1
10	104,5	109,1	113,6	118,2	122,7	127,2	131,8	136,3	140,9	145,4

Bei längerer anzunehmender Gebrauchsdauer der Leitung, von etwa 30 oder 50 Jahren fallen die Werte noch bedeutend günstiger für die Betonmastleitung aus, d. h. für je längere Dauer die Leitung vorgesehen wird, desto weniger fällt auch ein hoher Mastpreis gegenüber den ersparten Instandhaltungskosten ins Gewicht.

Es ist bei der Ausarbeitung der Vergleichsprojekte selbstverständlich in den Leitungen nicht Mast für Mast durch Schleuderbetonmaste zu ersetzen, sondern für letztere eine wirtschaftliche, d. h. größere Spannweite zu wählen. Es ist ohne weiteres einzusehen, daß ein der Zunahme des Durchhanges bei größerer Spannweite entsprechend längerer Mast einschließlich Kopfausrüstung billiger kommen wird, als 2—3 kürzere Maste mit ihrer entsprechenden Armierung. Da die Betonmaste von vornherein für einen Mindestspitzenzug gebaut werden müssen, der ihren ungefährdeten Transport erlaubt (vgl. 2. Kap., S. 71), kann dieser Spitzenzug nur bei entsprechend größerer Spannweite voll ausgenützt werden, denn er ist (für Tragmaste) bei gegebenem Leiterquerschnitt proportional der Spannweite.

Es wird im allgemeinen eine durchschnittliche Spannweite von 120—160 m für leichte Schleuderbetonmastleitungen als gegeben anzunehmen sein, d. h. also, es würden je 2—3 Holzmaste durch einen Schleuderbetonmast ersetzt werden.

X. Sonderausführungen mit Schleuderbetonmasten.

1. Freiluftschalt- und Transformatorenstationen.

Die Ausführung der Gerüste von Freiluftschaltstationen in Schleuderbeton hat in den letzten Jahren im In- und Ausland sehr zugenommen. Nachdem sich das Prinzip der Freiluftstation bei hohen Spannungen seiner wirtschaftlichen und technischen Vorteile wegen durchgesetzt hatte, wendete man der Konstruktion des Gerüstes größere Sorgfalt zu.

Abgesehen von einigen Sonderkonstruktionen können die entstandenen Freiluftanlagen je nach der Anordnung der Schalter, insbesondere der Trennschalter, in drei Gruppen eingeteilt werden, und zwar:

1. Lage der Trennschalter ungefähr 6 m über Boden, wie bei umbauten Schaltanlagen (Hochbauweise);
2. Lage der Trennschalter ungefähr 2 m über Boden (Mittelbauweise);
3. Lage der Trennschalter ungefähr ½ m über Boden (Flachbauweise).

Dieser Aufbau ergibt sich meist zwangsweise aus dem zur Verfügung stehenden Raum, in zweiter Linie erst aus den atmosphärischen Verhältnissen und aus der Geschmacksrichtung der Auftraggeber.

Bei einer Freiluftanlage spielen die Kosten des Schaltgerüstes die Hauptrolle, da hier der wirtschaftliche Vorteil gegenüber einer ummauerten Anlage zu suchen ist. Es wurde deshalb dessen Aufbau nach Möglichkeit vereinfacht und die Stützpunkte und Querträger zunächst aus der im Fernleitungsbau bis dahin üblichen Eisenfachwerkkonstruktion hergestellt, die als die billigste betrachtet wurde.

Die Übersichtlichkeit dieser in Gitterkonstruktion ausgeführten Stationen ließ jedoch zu wünschen übrig, da die unruhige Architektonik der Gerüste störend wirkte. Es wurden daher in der Folge Stationen auch in genieteten Vollwand-Blechträgern erbaut. Wenn diese Ausführung auch teuerer war als das Gitterfachwerk, so konnten die Mehrkosten durch geringere Fundierungskosten zum größten Teil wieder wettgemacht werden. Als weitere Vorteile haben sich noch ergeben, daß die Anlage übersichtlicher gegliedert ist und Raumersparnis bringt (Lit. 90).

Von einer neuzeitlichen Freiluftanlage, die das Herz der gesamten Elektrizitätsverteilung ist, muß aber nicht nur verlangt werden, daß sie übersichtlich entworfen ist und ein gutes Aussehen hat, sondern sie muß auch, damit sie ihrem Zwecke vollkommen entspricht, ständig betriebsbereit sein; es müssen die unangenehmen Unterhaltungs- und Auswechslungsarbeiten, die durch Verwendung des Eisens bedingt sind, nach Möglichkeit vollkommen aus der Anlage ausgeschieden werden.

Abb. 132.

Diesem Gedanken folgend, kam man zur Ausführung des Gerüstes in Schleuderbeton (Lit. 92—94).

Abb. 132 zeigt eine einfache Masttransformatorenstation auf zwei Schleudermasten, wie solche schon früher ausgeführt wurden und als Vorläufer der heutigen Stationen gelten können.

Abb. 133 zeigt eine Station größeren Ausmaßes, bei der zunächst nur 4 Schleuderbetonmaste zum Tragen der beiden Doppelsammelschienensysteme verwendet wurden. Die Abb. 134 zeigt eine in Italien ausgeführte Station, bei welcher der Fortschritt gegen die vorigen darin zu erkennen ist, daß ausschließlich geschleuderte Teile (Maste und Traversen) verwendet werden. Bei dieser Station sind jedoch im oberen Teil (Trennschalter) noch reichlich Eisenteile verwendet. Doch kann man aus diesem Bild schon erkennen, wie übersichtlich sich die Station unter Verwendung des Schleuderbetongestänges darstellt.

Abb. 135 zeigt nun eine in Deutschland ausgeführte moderne Konstruktion, bei welcher die Verwendung von Metallteilen ebenso voll-

Abb. 133.

Abb. 134.

kommen vermieden worden ist, wie bei Schleuderbetonmasten in Freileitungen überhaupt.

Die Station ist für eine Spannung von 100/50/10 kV ausgeführt, der 50- und 100-kV-Teil als Freiluftanlage, nur der 10-kV-Teil als umbaute Station. Die geschleuderten Querträger werden von 27 Schleuder-

Abb. 135.

betonmasten getragen. Um der Anlage ein einheitliches Bild zu geben, wurden sämtliche Maste unabhängig vom Spitzenzug mit demselben äußeren Durchmesser ausgeführt. Die Traversen liegen in einer Höhe von 6,5 m bzw. 9 m über Boden in Muffen, deren Konstruktion Abb. 136 zeigt. Auf eine elastische Verbindung zwischen Masten und Traversen

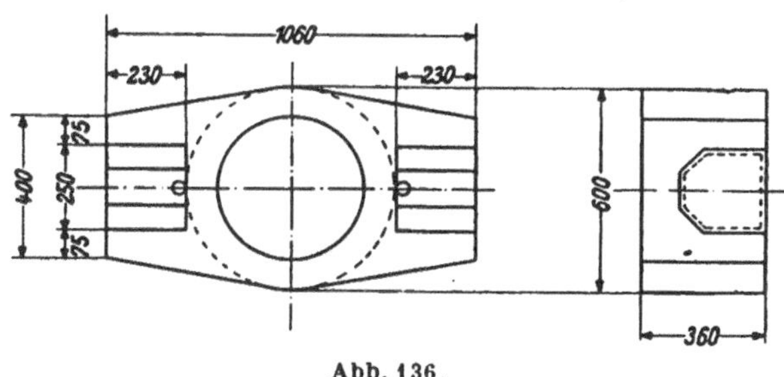

Abb. 136.

wurde größter Wert gelegt, weshalb die Querträger lose in Aussparungen der Muffen gelegt wurden. In deren Maulöffnung wurde ein Bleiband gelegt, um einerseits eine elastische Auflage der Traversen zu sichern, andererseits aber ein Ecken des Traversenendes in der Muffe zu verhindern. Ein Abfluß für etwa sich ansammelndes Regenwasser ist vorgesehen. Die Befestigung der Muffen am Mast erfolgt in der üblichen Weise durch Aufgießen, wie im 3. Kap. (S. 81) beschrieben.

Abb. 137 zeigt noch eine andere, ebenfalls brauchbare, aus Italien stammende Konstruktion eines solchen Verbindungsstückes.

Die im Schleuderverfahren hergestellten Traversen haben eine Länge von 5,44 .... 11,90 m und sind in den äußeren Abmessungen einander vollständig gleich, damit sowohl die Traversen als auch die Muffen serienmäßig hergestellt werden konnten. Die Längsarmierung der Querträger liegt auf einem Kreis, so daß praktisch nach allen Seiten dasselbe Widerstandsmoment vorhanden ist. Die obere Seite ist ab-

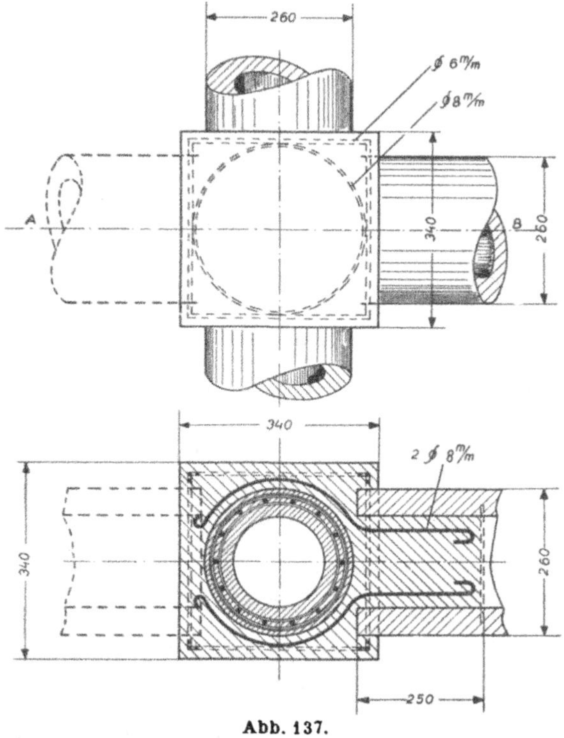

Abb. 137.

geflacht, damit eine Begehung leicht möglich ist, der untere Teil zeigt gebrochene Flächen, um eine Anpassung an den Kreisquerschnitt des Mastes zu erzielen und an Gewicht zu sparen.

In den Traversen sind zur Aufnahme von feuerverzinkten Abspannbolzen bzw. Traghaken, entsprechend den Phasenabständen von 1,5 bzw. 2,1 m, mit Rotgußbüchsen ausgekleidete Löcher vorgesehen. Die besonders sorgfältig feuerverzinkten Eisenteile und die zu ihrer Befestigung an den Traversen verwendeten Rotgußmuttern gewährleisten eine hohe Wetterbeständigkeit und damit eine große Betriebssicherheit.

Die Montage der Station war außerordentlich einfach und wurde trotz ungünstigster Witterungsverhältnisse in sehr kurzer Zeit durchgeführt. Ein großer Teil der Ersparnisse gegenüber der Eisenfachwerkanlage lag in den bedeutend geringeren Kosten für Erdaushub und Fundamente.

Abb. 138 zeigt die Ausführung der Trennschalterböcke ebenfalls ganz in Beton.

Die Vorteile der Freiluftstationsgerüste in Schleuderbeton lassen sich folgendermaßen zusammenfassen:

Fortfall aller Unterhaltungsarbeiten für Entrosten, Anstrich usw., welche betriebsstörend und bei Freiluftstationen besonders gefährlich sind, da sich diese noch weniger als Leitungsmaste vollkommen stromlos machen lassen, wenn man nicht ganze Gebiete von der Stromzufuhr abschneiden will.

Abb. 138.

Vorzügliche Übersichtlichkeit. Jede Schalterstellung kann deutlich von der Schaltwarte aus übersehen werden. Das Auge wird durch die ruhige Wirkung der Betonkonstruktion nicht von der Apparatur ab-, sondern auf sie hingelenkt. Dieser Vorteil kann nicht hoch genug eingeschätzt werden, da Fehlschaltungen sofort bemerkt werden.

Unbegrenzte Haltbarkeit, wie diese die Schleuderbetonmaste überhaupt bewiesen haben.

Geringe Baukosten.

Abb. 139 zeigt das Einführungsgerüst einer umbauten Umformerstation als Beispiel einer solchen öfter vorkommenden Ausführung.

2. Ortsnetzanlagen.

Die Verwendung von Schleuderbetonmasten für Ortsverteilungsnetze ist eine der ältesten Anwendungsarten. Neben den allgemein

Abb. 139.

Abb. 140.

bekannten Vorteilen der Haltbarkeit usw. spielt hier die architektonisch vorteilhafte Wirkung der Maste eine große Rolle. Man kann sie aus Abb. 140 gut erkennen. Auch Abb. 11 (S. 9), eine der ältesten Schleuderbetonausführungen, zeigt, wieviel besser diese Maste wirken, als die sonst verwendeten Holz- oder Eisengitterträger.

Bei dem Ausbau von Ortsnetzen spielen die Abzweig- und Verteilungsmaste eine wichtige Rolle. Da die vielen Traversen ein verwickeltes und daher unschönes Bild ergeben würden, ist die in Abb. 141

Abb. 141.

dargestellte Scheibenkonstruktion geschaffen worden, welche den Abzweig der Leitungen nach vielen beliebig gelegenen Richtungen ohne Schwierigkeit ermöglicht. Diese Maste können auch als Kabelendmaste ausgeführt werden, wobei das hohle Innere zum Emporführen der Leitungen zustatten kommt. Im Sockel können die Kabelendverschlüsse, Verteiler, Sicherungen, Schalter usw. untergebracht werden. Abb. 141 zeigt eine solche Ausführung, bei welcher als Sockel ein großes begehbares Verteilerhaus angebaut worden ist.

Im übrigen bildet die Verwendung der Schleudermaste in Ortsnetzen schon einen Übergang zu der hier nicht zu besprechenden Verwendung für Beleuchtungszwecke, ein Gebiet, auf welchem der Schleuderbetonmast ebenfalls eine sehr große Verbreitung gefunden hat. Abb. 142 möge einen Begriff hiervon geben.

3. Telephon- und Telegraphenleitungen.

Diese Anwendungsart ist in Deutschland bisher nicht von Bedeutung geworden, da die Reichstelegraphenverwaltung an den Holzmasten, welche sich bei ihr bewährt haben, festhält. Erst in der Mitte dieses Jahres ist die Reichsbahn und Reichspost der Verwendung von Schleuderbetonmasten nähergetreten, so daß auch hier ein Umschwung zu erwarten ist. In Italien jedoch (vgl. Abb. 22) ebenso in Frankreich und in den Vereinigten Staaten (Abb. 143) sind Telegraphen- und Telephonlinien in größerer Zahl ausgeführt worden. Die letzte Abbildung ist dadurch von Interesse, daßdie Traversen merkwürdigerweise aus Holz sind. In der Tat besteht bei den Traversen die Gefahr des Verfaulens ja kaum in solchem Maße wie für den in die Erde eingegrabenen Mast, da das Holz allerseits von der Luft umspült und dadurch konserviert wird.

Abb. 142.

Abb. 143.

4. Schleuderbetonmastfüße.

Zum Schluß sei eine andere Verwendungsart des Schleuderbetons besprochen, die ebenfalls in das Freileitungsgebiet gehört, nämlich der Schleuderbetonmastfuß. Es sind zahlreiche Ausführungsarten von Betonfüßen auf dem Markt erschienen, doch ist der Nachteil aller dieser Konstruktionen, daß sie schwer und teuer sind. Die hohen Einbaukosten rechtfertigen nur in wenigen Fällen den Einbau dieser Betonfüße. Es trifft auch hier das im 1. Kapitel über das Betongestänge ganz allgemein Gesagte voll und ganz zu. Es lag deshalb nahe, auch für Mastfüße die Vorzüge des Schleuderbetons, d. h. den hohlen Schleuderbetonkörper mit allen seinen Vorzügen in bezug auf Festigkeit, Dauerhaftigkeit und geringes Gewicht voll und ganz auszunützen. Zwei Konstruktionen solcher Füße sind geschaffen worden, welche in Abb. 144 und 145 dargestellt sind.

Bei der ersten Konstruktion (Abb. 144) umfaßt der hohle Mastfuß den Holzmast, welcher in ihm durch Betonkeile festgesetzt wird. Durchbrechungen sorgen für genügenden Luftzutritt und Regenabfluß.

Leichter und billiger ist die Konstruktion in der sog. Pfosten-Bauart (Abb. 145), bei welcher der

Abb. 144.

Abb. 145.

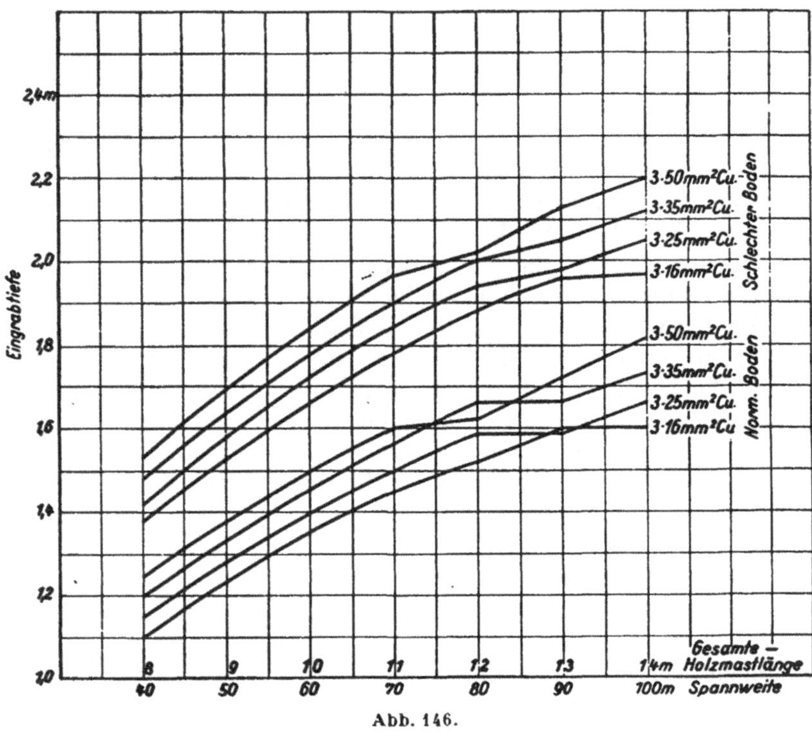

Abb. 146.

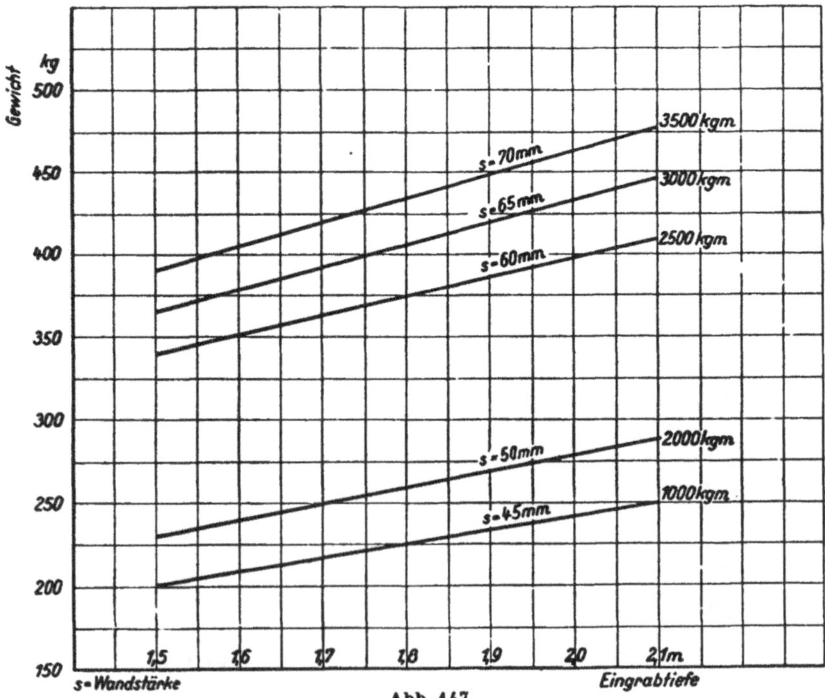

Abb. 147.

Holzmast seitlich am Fuß durch Schellen befestigt wird (Lit. 96). Dieser Mastfuß stellt einen bedeutenden Fortschritt auf dem Gebiete der Betonmastfüße dar. Er hat bei gleicher Festigkeit, d. h. gleichem Nutzmoment das geringste Gewicht bzw. bei gleichem Gewicht ein höheres Nutzmoment als alle anderen Betonmastfüße. Zudem ist seine Montage außerordentlich einfach, da neben dem anzuschuhenden Mast nur mittels Erdbohrer ein Loch ausgehoben und der Mastfuß in dieses eingesetzt zu werden braucht. Nach Anbringung der Schellen kann der

Spannweite m	Gesamte Holzmastlänge m				
100	14	a, 2500/1.75 b, 2500/2.1	3000/1.75 3000/21	3000/1.75 3000/2.1	3500/2.1 3500/2.1
90	13	a, 2000/1.75 b, 2000/21	2500/1.75 2500/2.1	2500/1.75 2500/2.1	3000/1.75 3000/2.1
80	12	a, 2000/1.5 b, 2000/2.1	2000/1.75 2000/2.1	2000/1.75 2000/2.1	2500/1.75 2500/2.1
70	11	a, 2000/1.5 b, 2000/1.75	2000/1.5 2000/2.1	2000/1.5 2000/2.1	2000/1.75 2000/2.1
60	10	a, 1000/1.5 b, 1000/175	2000/15 2000/1.75	2000/1.5 2000/1.75	2000/2.1 2000/2.1
50	9	a, 1000/1.5 b, 1000/1.5	1000/1.5 1000/1.75	1000/1.5 1000/1.75	2000/1.5 2000/1.75
40	8	a, 1000/1.5 b, 1000/1.5	1000/1.5 1000/1.5	1000/1.5 1000/1.5	1000/1.5 1000/1.5
		3·16 qmm Cu	3·25 qmm Cu	3·35 qmm Cu.	3·50 qmm Cu.

a, guter Boden b, schlechter Boden

Abb. 148.

untere Teil des Holzmastes herausgesägt werden. Die Montage kann also ohne besondere Abstützung des Holzmastes und während des Betriebes durchgeführt werden. Er wird für Nutzmomente bis 4000 mkg ausgeführt, d. h. für ein Bruchmoment bis etwa 12000 mkg.

Die Standfestigkeit der Füße kann nach den im 6. Kapitel gegebenen Formeln von Dörr nachkontrolliert werden. Nur genügt es, in diese Formeln den Wert i, da bei Rundfüßen infolge der radialen Ausstrahlung der Pressungen zur Druckübertragung ein größerer Bodenanteil herangezogen wird, mit 1,2—1,3 einzusetzen. Dies bedeutet, daß die Füße mit einer geringeren Eingrabtiefe eingebaut werden können als solche mit Rechteckquerschnitt. Das maximale Moment liegt nach Dörr (Lit. 98) um einen Betrag $y = \sqrt{\frac{H}{\gamma \cdot \varepsilon \cdot b}}$ unterhalb der Erdoberfläche.

Die Eingrabtiefen der Schleuderbetonfüße bei verschiedenem Belag und den in Frage kommenden Spannweiten sind in Abb. 146 eingetragen, die Gewichte in Abb. 147. Schließlich enthält die Tabelle Abb. 148 die üblichen Typen der Schleuderbetonfüße.

Literatur-Übersicht.

I. Freiluftstationen:

Außer den Nachstehenden ist Nr. 41 (1. Kapitel) zu beachten.

90. AEG-Mitteilungen 1928, S. 562.
91. ETZ 1928, S. 1771.
92. Kumlik, Sachsenwerk-Mitt. 1929, Heft 4, S. 143.
93. Jansen, ETZ 1929, Heft 16, S. 566.
94. Burget, ETZ 1929, Heft 47, S. 1685.

II. Ortsnetze und Lichtmaste (Kandelaber):

Hierüber enthalten die Nummern 1, 3, 4, 18, 21, 22, 24, 25, 34, 42, 50—54, 62, 64 der Lit.-Übersichten der früheren Kapitel Angaben.

Ferner:

95. Foerster, Arm. Beton 1915, Heft 9.

III. Mastfüße:

96. Kolb, Elektr.-Wirtschaft 1930, Heft 501, S. 69.
97. Burget, dgl. 1930, Heft 520/1, S. 621.
98. Dörr, Bautechnik 1924, Heft 5—7.

Anhang.

Verzeichnis der in Deutschland und im europäischen Ausland ausgeführten Leitungsstrecken mit Schleuderbetonmasten.

Hochspannungs-

mit Schleuder-

Nr.	Auftraggeber	Streckenbezeichnung
		A. Deutsch-
1	E.A.G. Pöge-Chemnitz	B.U.P.Kr. Pößneck
2	E.V. Gröba	P.Kr. Weißig
3	U.Z. Stralsund	Stralsund-Greifswald-Anklam
4	Vogtl. Bahn- u. Elektr.-Ges.-Zwickau	Himmelmühle-Wolkenstein
5	Fürstl. Pleß'sche Bergwerksverwalt.	Fürstengrube-Idaweiche
6	S.S.W.-Dresden	Weinböhla
7	Kohlenwerke Oberbeuna	Niederbeuna-Kayna
8	Grube Elise II — Halle	
9	E.W. Dresden	Hirschfelde-Zittau
10	Leunawerke-Merseburg	Leunawerk-Daspich
11	Sachsenwerk-Niedersedlitz	Velten
12	Kupferhütte-Gerstungen	Berka-Süß
13	E.V. Gröba	Dresden-Strießen
14	E.W. Dresden	Dresden-Strießen
15	Staatl. E. W. Sachsen	
16	E.V. Gröba	Anschluß Meißen
17	E.V. Gröba	Etzdorf-Döbeln
18	E.V. Gröba	Etzdorf-Frankenberg
19	Christiansen-Eutin	Überlandleitg. Eutin
20	S.S.W.-Dresden	P.Kr. Klise
21	Revier E.W. Freiburg	Zug-Freiberg
22	E.W. Niederlößnitz	
23	E.W. Bautzen	Guttau-Klise
24	E.W. Velten	Ringleitung Velten
25	E.W. Deuben	Grumbach-Deuben-Klingenberg
26	Bergwerk Kattowitz	Grube Heinrichsfreude-Imilin
27	E.W. Gröba	Großenhain-Strießen
28	M.E.W. Berlin	Luckenwalde-Sperenberg
29	M.E.W. Berlin	Steinfurt-Eisenspalterei
30	M.E.W. Berlin	Erweiterungsbau in der Mark
31	Kupferwerke Grüntal	Kupferhammer-Grüntal
32	Vorort Sammelschiene	Deuben-Niederlößnitz
33	Thür. Gasges. Leipzig	Schönebeck-Üllnitz
34	Kraftwerk Thüringen-Gispersleben	Gispersleben-Arnstadt
35	Wasserfallwerke Stockholm	Trollhättan-Stockholm
36	Fürstl. Pleß'sche Bergwerksverwalt.	Fürstengrube-Heinrichsfreudegrube
37	Landes E.W. Schwerin	Neustadt-Parchim
38	E.V. Gröba	Döbeln-Meinsberg
39	Landeshauptm. von Pommern	Kößlin-Roßnow-Gramenz
40	Ü.Z. Deutsch-Krone	
41	S.S.W. Berlin	Lauban-Schlauroth
42	E.V. Gröba	Mülbitz-Großraschütz
43	Zeißwerke-Jena	Ziegenrück-Burgau
44	Überlandzentrale Belgrad	Roßnow-Gramenz-Neustettin
45	Überlandzentrale Stralsund	Stralsund-Keuz
46	M.E.W. Berlin	Frankfurt/Oder-Leissow
47	Ostpreußenwerk A. G.-Königsberg/Pr.	Königber-Unterwangen
48	L.E.W. Mecklenburg	Neustadt-Parchim
49	G.V. Überlandw. Tuttlingen	Tuttlingen-Friedingen

Freileitungen.

Beton-Gestänge.

Betriebs-spannung kV	Strecken-länge km	Mittlere Spann. weite m	Mastlänge m	Anzahl der Masten	Baufirma
land.					
			15—18		
			16—18		
15			13	ca. 1000	
30			11—13		
20	16				S.S.W.
			9—13	117	
15			11—12	44	
60			12—16	41	
40			14	68	
10			12—13	39	
			14—15	42	Sachsenwerk.
15			13—17	34	
60			15—17	366	
60	8				S.S.W.
40	8				S.S.W.
60			17		
60			13—14		
60			19	181	
			9—10	52	
			11—12		S.S.W.
15			11—13		
30			12—17	39	
15			11—12		
15			14	37	
30			12—14	62	
15			14—15	65	
			19		
30			14—17	ca. 200	
40			15—16	38	
15			11—13	ca. 200	
15			11—14		
30			15—19	30	
30			14—17	30	
50			17—21	148	S.S.W
220			18—20	830	
20	8,5				S.S.W.
15			12—16	170	
			12—21		
40			21	225	
			12	156	
			10—13	167	S.S.W.
60			20		
50	19	220	23—34	170	B.B.C.
40	50		22		Kubal-Stolp/Pommern.
40	18				Kubal-Stolp/Pommern.
50	12		22—29		Kubal-Stolp/Pommern.
60	22		20		Kubal-Stolp/Pommern.
15	19				S.S.W.
15/50	14			121	Ges. f. elektr. Anl.-Stuttgart.

Nr.	Auftraggeber	Streckenbezeichnung
50	Staatl. E.W. Dresden	Zittau-Olbersdorf
51	Staatl. E.W. Dresden	Annaberg-Weipert
52	Staatl. E.W. Dresden	Annaberg-Himmelsmühle
53	Staatl. E.W. Dresden	Jahnsdorf-Siegmar-Kändler
54	Staatl. E.W. Dresden	Plauen-Ölsnitz
55	Ü.Z. Pommern	Massow
56	Siemensges. Danzig	
57	M.E.W. Berlin	Klinge-Sommerfeld
58	M.E.W. Berlin	Dammvorstadt-Leißow
59	Reichsbahn-Direktion Breslau	Bf. Nikolausdorf
60	Reichsbahn-Direktion Breslau	Bf. Hermsdorf
61	Ostpreußenwerk A.G.-Königsberg/Pr.	Kreuzburg-Friedland
62	Ostpreußenwerk A.G.-Königsberg/Pr.	Friedland-Kortmedien
63	Niederösterr. Elektr. A.G.-Wien	Eralufboden-Scheibmühl-St. Pölten
64	Kraftwerk am Höllenstein-Straubing	Kraftw. am Höllenstein-Straubing
65	Ostpreußenwerk A.G.-Königsberg/Pr.	
66	Oberpfalzwerke A.G.-Regensburg	Amberg-Neumarkt
67	M.E.W. Berlin	Klinge-Sommerfeld
68	Ostpreußenwerk A.G.-Königsberg/Pr.	Königsberg-Kreuzburg
69	Ostpreußenwerk A.G.-Königsberg/Pr.	Kreuzburg-Hohenwalde
70	A.G. Sächsische Werke-Dresden	Jahnsdorf-Siegmar-Kändler
71	A.G. Sächsische Werke-Dresden	Chemnitz/Süd-Jahnsdorf
72	Ostpreußenwerk A.G.-Königsberg/Pr.	Friedland-Rastenburg
73	G.V. Überlandwerk Tuttlingen	Anschluß Rottweil
74	Erdöl A.G.-Borna	Oberbeuna
75	Ü.Z. Bleicherode	
76	Kraftwerk Gispersleben	Arnstadt-Langewiesen
77	Staatl. E.W. Dresden	Vomag-Plauen
78	Ü.Z. Pommern	Nordring-Ratschwick
79	Ü.Z. Pommern	Altdamm-Röhrchen
80	Ü.Z. Pommern	Massow-Röhrchen
81	Ostpreußenwerk A.G.-Königsberg/Pr.	Insterburg-Kortmedien
82	Alb-E.W.-Geislingen/Steige	Geislingen-Gussenstadt
83	E.W. Reutlingen	Betzingen-Kirchentellinsfurt
84	E.W. Danzig	Danzig-Langfuhr
85	E.V. Gröba	Deutschenbora-Hühndorf
86	E.V. Gröba	Gröba-Weida
87	E.V. Gröba	Gröba-Berntitz
88	E.V. Gröba	Berntitz-Etzdorf
89	Ostpreußenwerk A.G.-Königsberg/Pr.	Leibstadt-Elbing
90	Stromverb. Regnitzgau-Erlangen	Erlangen-Wellerstadt
91	Stromverb. Regnitzgau-Erlangen	Erlangen-Bruck
92	E.V. Gröba	Gröba-Nickeritz
93	Ü.Z. Südharz-Bleicherode	
94	Ü.Z. Pommern	Lebbin-Gülzow
95	Ü.Z. Pommern	
96	Ü.Z. Pommern	Belgard-Stolp
97	S.S.W.-Berlin	Lauban-Schlauroth
98	Alb E.W.-Geislingen/Steige	Ulm-Westerstetten-Geislingen
99	Lauenburger Landkraftwerke	Kraftwerk Schaalsee-Fredeburg
100	Lauenburger Landkraftwerke	Fredeburg-Mölln

Betriebs-spannung kV	Strecken-länge km	Mittlere Spann-weite m	Mastlänge m	Anzahl der Masten	Baufirma
40			10—14		
30			22	37	
30	8,5		21—25		Sachsenwerk
30			21—24		
30			21—25	58	
			21	215	
			12—24	140	
			18—23	168	
			22—29	30	
			9—19	32	
			9—15	32	
60	38	190			B.B.C.
60	15	190			B.B.C.
60	108	200			B.B.C.
20	40		13—25,5	248	Bay. A.G. f. Energiewirtsch.-Bamberg.
60	65				A.E.G.
60	37	180	13—22	294	A.E.G.
50	34		22—26		Kubal-Stolp/Pommern.
60			19		Kubal-Stolp/Pommern.
60	40		19—22		Kubal-Stolp/Pommern.
30	17				Elektrobau-Dessau.
30	10				Elektrobau-Dessau.
60	52				Elektrobau-Dessau.
15	4			34	Ges. f. elektr. Anl.-Stuttgart.
			18—19	113	
50			13—19	364	
50			17—20	176	
30			21—26		
40			21	80	
			21	35	
80			21	100	
35	28				Sachsenwerk.
15			14—18		Ges. f. elektr. Anl.-Stuttgart.
10	6,5		17—19	37	Ges. f. elektr. Anl.-Stuttgart.
15	6				S.S.W.
60	15		19—28	86	Elektrobau-Dessau.
15/60	3		18—27		Elektrobau-Dessau.
60	10,3		18—29	57	Elektrobau-Dessau.
60	18		17—28	106	Elektrobau-Dessau.
60	43		19—26		Kubal-Stolp/Pommern.
35	18		17—20	75	Bay. A.G. f. Energiewirtsch.-Bamberg.
35	4		14—18		Bay. A.G. f. Energiewirtsch.-Bamberg.
			15—22	78	
50			13—18	93	
			26	84	
			26	70	
			26	100	
				54	S.S.W.
35	35		14—17	334	Ges. f. elektr. Anl.-Stuttgart.
11	4,2		15	32	S.S.W.
11	7,4		13	50	S.S.W.

Nr.	Auftraggeber	Streckenbezeichnung
101	Maximilianshütte-Rosenberg	Sulzbach-Auerbach
102	Berg. Elekt.-Versorg.-Elberfeld	Elberfeld-Kupferdreh
103	Ü.Z. Südharz-Bleicherode	Menteroda-Hupstedt
104	Ostpreußenwerk A.G.-Königsberg/Pr.	Königsberg-Friedland
105	Ü.Z. Pommern-Stolp	Glammbockwerk-Stolp
106	Landeselektrizität-Halle	Wolfen-Greppin
107	Thür. E.W.-Weimar	Apolda-Jena-Burgau
108	A.G. Sächsische Werke-Dresden	Chemnitz-Nord Turau
109	E.V. Gröba	Großenhain
110	Kraftwerk Freital	Grillenburg-Möchendorf-Dorfhain
111	Betriebsamt Dresden	Bühlau-Weißig
112	Mittelschwäb. Ü.Z.-Giengen/Brenz	Holzhausen-Heuchlingen
113	Spinnerei Gminder-Reutlingen	Reutlingen-Neckartenzlingen
114	Ü.Z. Pommern-Stolp	Stolp-Schlawe
115	Ü.-Z. Pommern-Stettin	Finkenwalde-Greifenhagen
116	Überlandw. Oberhessen-Friedberg-Hessen	Wölfersheim-Nidda
117	Wasserfallwerke Stockholm	
118	Ü.Z. Südharz-Bleicherode	Steinbach-Neuendorf
119	Ü.Z. Pommern-Stettin	Stargard-Massow
120	Ü.Z. Pommern-Stettin	Höckendorf-Hohenkreuz-Feldmühle
121	Ü.Z. Pommern-Stettin	Schlawe-Köslin
122	E.W. Salzburg	Anif-Niederalm
123	Ü.Z. Pommern	Wendorf
124	G.V. Überlandw. Tuttlingen	Tuttlingen-Trossingen
125	Ü.Z. Pommern-Stettin	Pasewalk-Eggesin
126	Ü.Z. Pommern-Stettin	Neustettin-Jastrow
127	Ü.Z. Pommern-Stettin	Stargard-Pyritz
128	E.V. Gröba	Sörnewitz
129	M.E.W. Berlin	Rüdersdorf
130	E.W. Reutlingen	Reutlingen-Altenburg
131	Ü.Z. Pommern-Stettin	Gülzow-Zornglaff
132	Sachsenwerk	Oberkayna-Bautzen
133	Neckarwerke A.G.-Eßlingen	Göppingen
134	Fa. Emil Adolf-Reutlingen	Reutlingen-Altenburg
135	G.V. Überlandw. Tuttlingen	Drossingen-Deißlingen
136	G.V. Überlandw. Tuttlingen	Tuttlingen-Rietheim
137	G.V. Überlandw. Aistaig	Aistaig-Sulz/Neckar
138	Elektr. Kraftübertragung-Herrenberg	Tübingen-Herrenberg
139	Pfalzwerke A.G.-Ludwigshafen	
140	Fränkisches Überlandwerk-Nürnberg	Stein-Weißenburg
141	Überlandw. Oberfrank. A.G.-Bamberg	Bamberg-Ebensfeld
142	Überlandw. Oberfrank. A.G.-Bamberg	Ebensfeld-Oberwallenstadt
143	Vereinigte Großkraftw. Rendsburg	Rendsburg-Itzehoe
144	Ü.Z. Ipsheim	
145	Gewerkschaft Neurath-Bedburg	
146	Städt. Kraft-, Wasser- u. Verkehrswerke-Neumünster	
147	Städt. E.W. Ulm	Öpfingen-Donaustetten
148	Fränkisches Überlandwerk-Nürnberg	Ansbach-Feuchtwangen
149	G.V. Überlandw. Tuttlingen	

Betriebs-spannung kV	Strecken-länge km	Mittlere Spann-weite m	Mastlänge m	Anzahl der Masten	Baufirma
35	19		16—18	104	S.S.W.
	14		21,5—34	86	S.S.W.
60	13		15—22	87	Kubal-Stolp/Pommern.
60	51		20		Kubal-Stolp/Pommern.
40	35		25		Kubal-Stolp/Pommern.
			15—21		
			21—28	33	
30			20—23		
15				30	
			10—12	58	
			10—12	78	
15			14—18	115	Ges. f. elektr. Anl.-Stuttgart.
10	12		14—18	111	Ges. f. elektr. Anl.-Stuttgart.
40	24,6		24—26	125	Kubal-Stolp/Pommern.
40	19				Kubal-Stolp/Pommern.
20	21		18,5—21,5	105	A.E.G.
			15—18	156	
50			13—16	37	
40	19		19	300	Kubal-Stolp/Pommern.
40			15—28		Kubal-Stolp/Pommern.
40	35		25		Kubal-Stolp/Pommern.
			16—23		
			17—24		
50	18		16—20	136	Ges. f. elektr. Anl.-Stuttgart.
40	22				Elektrobau-Dessau.
40	31		26	130	Kubal-Stolp/Pommern.
40	25		18,5		Kubal-Stolp/Pommern.
			14—24		
			21—32		
5	3		14—16	27	Ges. f. elektr. Anl.-Stuttgart.
40	9,5		18		Kubal-Stettin.
			23—24		Sachsenwerk.
10	2				Ges. f. elektr. Anl.-Stuttgart.
15					Ges. f. elektr. Anl.-Stuttgart.
15	5		13—18	51	Ges. f. elektr. Anl.-Stuttgart.
15	2		14—18	20	Ges. f. elektr. Anl.-Stuttgart.
15	5		13,5—17,5	32	Ges. f. elektr. Anl.-Stuttgart.
15			13—14	29	
100			22—26,5	33	
60	75		11—23	260	E.A.G. vorm. Schuckert & Co. Nürnberg.
40	18		15—18	127	Fränk. Licht- u. Kraftvers.-Bamberg.
40	8		17—18	70	Fränk. Licht- u. Kraftvers.-Bamberg.
60	80		17—20	382	B.B.C.
6			12—20,5	149	
6			12—13	105	
5			11,5	22	
6			17	30	
35	10		14—22	110	
20			17—18,5	160	E.A.G. vorm. Schuckert & Co. Nürnberg.

Nr.	Auftraggeber	Streckenbezeichnung
150	Städt. Betriebswerke-Tuttlingen	
151	Städt. E.W.-Ulm	Vöhringen
152	Städt. E.W.-Ulm	Donaustetten-Wieblingen
153	Überlandleit. d. Kreis. Stormann Wandsbeck	Bergteheide-Sande
154	Überlandwerk Ipsheim	
155	Mittelschwäbische Überlandzentrale Giengen/Br.	Herbrechtingen-Heuchlingen-Giengen
156	E.W. Reutlingen	
157	Neckarwerke A.G.-Eßlingen/Neckar	
		B. Frank-
1	Union Electrique de l'Quest	Ligne Caen Argentan
2	La Société d'Electricité du Nord Est Parisien	Ligne Villiers le bel Meaux
3	Le compte de la Société Nord Lumiere	Ligne Puiseux Beauvais
4	Le compte de la Société Sud Lumiere	Ligne Essonnes Melun
5	Le compte de la Société Nord Lumiere	Ligne Puiseux Limay
6	Réseau de la Société Nord Lumiere	Lignes Basse-Tension
		C. Ita-
1	Societá An. Officine Elettriche Novara	Ponte dei Preti-Vercelli
2	Societá Elettrica Bresciana Brescia	Brescia-Cremona
3	Soc. Emiliana Esercizi Elettrici Parma	Reggio-Torrechiara
4	Aziende Elettr. Municipalizzate Trento	Trento-Pergini
5	Soc. Adriatica di Elettricita Padova	Pontecchio Crespino
6	Consorzio Grande Bonifica Ferrarese-Ferrara	Codigoro-Salghea
7	Soc. Daunia di Elettr. S. Severo (Foggia)	S. Severa-Torremaggiore-Casalnuovo
8	Azienda Eletr. Comunale Verona	Verona-Tregnago
9	Cons. Irrigaz. Sinistra Adige Verona	Ponton-Domegliara
10	Soc. Elettr. Interprovinciale Verona	Lonigo-Arzignano
11	Cons. Bacchiglione-Fossa Paltana-Padova	Pontelongo-Idrovore Barbegara-Rebosola-Cive-Casetta e Brenton
12	Soc. Elettr. del Valdarno Firenze	Arezzo il Travigante (bibbiena)
13	Lanificio Fratelli Marzotto Mortara	Molini-Mortara
14	Unione Esercizi Elettrici Milano	Camerino-Fabriano
15	Soc. An. Distribuz. Energia Elettrica-Biella	Biel.a (citta)
16	Soc. Util. Forze Idraulische Veneto-Venezia	Pellestrina-Alberoni
17	Cons. Gr. Bonifica Ferrares-Ferrara	Salghea-Pomposa
18	Soc. Elettrica del Valdarno Firenze	S. Giovanni Valdarno-Castelnuovo
19	Soc. An. Elettr. Umbra Perugia	Perugia-Foligno
20	Soc. Gen. Elettr. Tridentina Milano	Canzolino-Caldonazzo
21	Soc. Gen. Elettr. Tridentina Milano	Tel-Foresta
22	Soc. Etschwerke-Merano	Tel-Bolzano

Betriebs-spannung kV	Strecken-länge km	Mittlere Spann-weite m	Mastlänge m	Anzahl der Masten	Baufirma
6			12—17	115	Ges. f. elektr. Anl.-Stuttgart.
20			24,5—20,5	52	Ges. f. elektr. Anl.-Stuttgart.
35			13—18	139	
35			15—17	48	
30	27		16—22	202	Sachsenwerk.
6	20		15—16	163	
20			14—17	185	Ges. f. elektr. Anl.-Stuttgart.
10			14—21	43	Ges. f. elektr. Anl.-Stuttgart.
20			17—19,5	21	Württ. Landes-Elektr. A.G.-Stuttgart.
reich.					
90	60		18		
60	35		18		
60	56		15		
60	26		12		
60	23		17		
15	100				
lien.					
75	60	150	17—19,20	427	
70	56	180	16,5—18,5	332	
60	12	160	16	65	
20	13	100	13—19,20	167	
10	9	100	11,5	84	
10	9	100	12—13	84	
30	26	100	12—13	254	
25	7	120	12—18,5	64	
13	10	100	12—19,2	95	
10	12	120	13	97	
10	24	120	12,5—18,5	237	Soc. Cementi Armati Centrifugati.
35	14	120	13—14	125	
24	16	100	13—18	161	
65	32	150	15	212	
15	1,5	35	9,5—14	35	
6	10	100	11,5—12	93	
10	3	100	12	28	
60	5	150	18,5	32	
35	32	160	15—18,5	201	
60	14	180	16—20	71	
17	1	120	14,5—18,5	7	
17/60	32	180	18,5—20	202	

Nr.	Auftraggeber	Streckenbezeichnung
23	S.Siro sul Secchia-Villa Poma	Soc. Emiliana di Esercizi Elettr. Parma
24	Soc. Ligure Toscana di Elettr. Livorno	Livorna-la Fornace
25	Soc. Ligure Toscana di Elettr. Livorno	Livorno
26	Soc. Forze Idraul. Trezzo sull' Adda-Milano	Castelleone-Pizzighettone
27	Soc. Volsinia di Elettr. Roma	Civitavecchia-S.Marinella
28	Soc. Volsinia di Elettr. Roma	Civitavecchia-Vulci
29	Soc. Sabina di Elettr. Roma	Rieti-Papigno
30	Soc. Emiliana di Esercizi Elettr. Parma	Sassuola-Modena
31	Soc. Ligure Toscana di Elettr. Livorno	Bolgheri-Castagneto
32	Soc. Ligure Toscana di Elettr. Livorno	Pontedera-Ponsacco
33	Soc. Emiliana di Esercizi Elettr. Parma	S.Pietro in Casala-Bondeno
34	Soc. Ligure Toscana di Elettr. Livorno	Tavernuzze-Empoli
35	Soc. Solvay Rosignano	Rosignano-Vada
36	Soc. Ligure Toscana di Elettr. Livorna	Lungo il Canale Navicelli
37	Soc. Alto adige Ammonia Milano	Tel-Sinigo
38	Soc. Ligure Toscana di Elettr. Livorno	Tombolo-Pisa
39	Azienda Elettr. Municipale Torino	Centrale Martinetto di Torino-Stazione Regina Margherita
40	Soc. Trentina di Elettr. Trento	Ora-Bolzano
41	Ministero delle Comunicazioni Roma	Roma-Napoli
42	Soc. Tramways Provinziali Napoli	Napoli-Aversa
43	Ministero delle Comunicizioni Roma	Novi-Predosa
44	Azienda Elettr. Municipale Milano	Limito-Precotto
45	Soc. Idroelettria Piemonte Torino	Santhia-Crescentino
46	Soc. Idroelettria Piemonte Torino	Livorno-Ferraris-Mazze
47	Soc. An. per la Condotta di Acque Potabili-Torino	None (Pinerolo)
48	Soc. Meridionale di Elettricita Napoli	Benevento-Campobasso
49	Soc. Elettria del Sannio Napoli	Benevento-Apice-Ariano
50	Soc. Ferrovie Nord Milano	Novate-Cusano
51	Cons. Idraulico II Circondario Ferrara	Codigoro-Marozzo
52	Soc. Idroelettrica Piemonte Torino	Santhia-Viverone
53	Soc. Idreolettrica Piemonte Torino	Favria-S. Giorgio-Castellamonte-Ponte Preti
54	Soc. Gener. Pugliese di Elettr. Bari	Foggia-Manfredonia
55	Soc. Idroelettrica Piemonte Torino	Biella-Cossato
56	Soc. Gen. Pugliese di Elettricita Bari	Brindisi-Cantiere Meccanico
57	Soc. Elettrica della Campania-Napoli	Mondragone-Impianto Idrovoro
58	Soc. della Tramvie e Ferrovie Elettriche Roma	Cecafumo-Tavolato
59	Soc. Elettrica Alto Adige Milano	Piedimulera-Domodossola
60	Soc. Gen. Elettrica della Sicilia-Milano	Caltanissetta-Castrofilippo
61	Soc. Gen. Elettrica della Sicilia-Milano	Naro-Palma di Montechiaro
62	Ente Autonomo Adige Garda Verona	Verona-Schio
63	Soc. Gen. Pugliese di Elettricita Bari	Frascavilla-Brindisi
64	Soc. Gen. Pugliese di Elettricita Bari	Francavilla-Mesagne
65	Soc. Gen. Elettrica della Sicilia-Milano	Calatafimi-Salemi
66	Soc. Gen. Electrica della Sicilia-Milano	Salemi-Santaninfa
67	Soc. Gen. Elettrica della Sicilia-Milano	Santaninfa-Poggioreale
68	Soc. Offecine Energia Elettrice-Novara	Borgovercelle-Casalvolone
69	Soc. Elettrica per Bonifische e Irregazioni-Cari	Carmiano-San Pancrazio
70	Ente Butonomo Adige Garda Verona	Montecchio-Vicenza

Betriebsspannung kV	Streckenlänge km	Mittlere Spannweite m	Mastlänge m	Anzahl der Masten	Baufirma
60	11	160	16—25	71	Soc. Cementi Armati Centrifugati.
60	5	180	18,5—20	31	
30	1	160	15,5—26	5	
60	11	160	18—20	74	
30	10	150	15	73	
30	39	150	15—18,5	259	
65	23	150	18,5—23,5	122	
65	19	180	19,3—27,5	111	
10	8	150	15	58	
30	4,3	150	17—22	38	
60	22	160	16,5—30	132	
35	21,3	125	13—15	174	
10	5	125	13—21,5	41	
60	4,5	200	21	29	
10	9	120	13—18,5	73	
60	7	200	21—25	40	
27	7,5	150	17—21	52	
20	14	120	15—16,5	121	
5	195	100	10,5	2100	
10	14	100	13—16,5	145	
60	11	160	19—25	69	
70	9	180	17—22,5	49	
30	21	105	12—20,5	201	
30	6,5	105	12—14,5	63	
0,5	6	100	9,5—13	60	
66	50	180	20	270	
30	28	105	13	250	
3	4	150	12—20	33	
10	9,5	105	12,5—23,5	94	
30	10	105	12—16	95	
30	20	105	15,5—19	186	
30	38	120	12—18	320	
15	13	150	13—17	86	
18	3	100	10,5—13,5	24	
30	15	120	12	130	
0,65	1,5	120	14—20,5	12	
60	12	190	21—29	70	
20	36	90	10,5—12	402	
20	12	90	10,5	132	
40	66	110	12,5—26	600	
18	35	120	12—18	330	
18	20	120	12—18	168	
20	14	120	12—14	117	
20	8	90	10,5	107	
20	14	90	10,5—13,5	156	
6,6	4,5	80	10,5—12	51	
9	26	80	10,5	300	
40	13	110	12,5—20	113	

Nr.	Auftraggeber	Streckenbezeichnung
71	Soc. Brioschi per Imprese Elettriche-Milano	Statto-Pieve Dugliara
72	Ente Autonomo Adige Garda-Verona	S. Biagio-Mantova-Corte Dolcini
73	Ente Autonomo Adige Garda-Verona	Corte Dolcini-Tranvie Provinciali
74	Ente Autonomo Adige Garda-Verona	Corte Dolcini-Angeli
75	Soc. Elettrica del Sannio Napoli	Benevento-Altavilla
76	Soc. Elettrica del Sannio Napoli	Venafrio-Isernia
77	Soc. Dinamo-Milano	Caltignaga-Vaprio d' Agogna
78	Ente Autonomo Adige Garda Verona	San Biagio-San Mattio delle Chiaviche
79	Ente Autonomo Agide Garda Verona	S. Matteo delle Chiaviche-Martignano-Calvatone
80	Soc. Gen. Elettrica della Sicilia-Milano	Balestrate-Castellammare
81	Soc. Idroelettrica Piemonte Torino	Cabina Stella-Bivio Pinerolo Vigone
82	Soc. Idroelettrica Piemonte Torino	Vigone-Casalgrasso
83	Soc. per. Distr. E. E. Ing. Banfi Milano	Concorezzo-S. Damiano
84	Soc. An. per la Condotta di Acque Potabili-Torino	None (Pinerolo)
85	Soc. Gen. Elettrica della Sicilia-Milano	Caltagirone-Piazza Armerina
86	Soc. Gen. Elettrica della Sicilia-Milano	Derivazione per Aidone
87	Soc. Idroelettrica Piemonte Torino	Cabina Stella-Scalenghe
88	Soc. Gen. Elettrica della Sicilia-Milano	Carini-Portinico
89	Soc. Idroelettrica Piemonte Torino	Bivio Pinerolo-Vigone
90	Soc. Forze Idrauliche Trezzo d'Adda-Milano	Romanengo-Castelleone
91	Soc. Gen. Elettrica della Sicilia-Milano	Serra di Falco-Bosco
92	Soc. Gen. Elettrica della Sicilia-Milano	Caltanissetta-Villarosa
93	Soc. Elettrica Bresciana Brescia	Fornace Franzini I. linea
94	Soc. Elettrica Bresciana Brescia	Fornace Franzini II. linea
95	Soc. Emiliana Esercizi Elettrici Parma	Poviglo-Guastalla
96	Soc. Gen. Elettrica della Sicilia-Milano	Alcamo-Salemi
97	Soc. Gen. Elettrica della Sicilia-Milano	Porto Empedocle-Caltanissetta
98	Soc. Dinamo-Milano	Castelletto di Momo-Momo
99	Soc. It. per L' Utilizzazione Forze Idr. del Veneto-Venezia	Mestre-Chirignago
100	Soc. Idroelettrica Piemonte Torino	Calsalgrasso-Carmagnola
101	Soc. Gen. Elettrica della Sicilia-Milano	Porto Empedocle-Monteallegro

Betriebs-spannung kV	Strecken-länge km	Mittlere Spann-weite m	Mastlänge m	Anzahl der Masten	Baufirma
60	4	180	22—25	20	Soc. Cementi Armati Centrifugati.
40	9	75	10,5—21	113	
15	2,5	110	14,5—26	22	
15	3	110	14,5—19	25	
30	15	100	12	148	
15	21	90	10,0—13	227	
0,8	11	60	10,5—12	170	
70	27	180	20—24	156	
40	37	85	10,5—20	422	
20	16	80	10,5	210	
30	1,5	105	13,5	13	
30	11	105	10,5—12	103	
22	4	100	14—15	40	
0,5	4	100	10,5—14	50	
20	22	105	10,5	210	
20	17	90	10,5	190	
30	7	105	10,5—12	69	
20	15	80	10,5—13	200	
30	4	105	12	37	
60	12	180	21—26	63	
20	8,5	90	10,5	92	
20	15	105	10,5	145	
70	8	180	18,5—26	43	
40	5,5	180	18,5—26	30	
60	14	170	20—23	82	
70	24	160	16,5	150	
70	70	160	16,5	440	
0,8	2	60	12	25	
10	3	100	14,5	24	
30	8	105	10,5	75	
20	22	90	10,5	240	

Verzeichnis der Firmennamen.

Siemens-Schuckertwerke A.G.	SSW
Allgemeine Elektrizitäts-Gesellschaft	AEG
Brown Boveri & Co.	BBC
Sachsenwerk Licht- & Kraft-A.G.	Sachsenwerk
Elektrizitäts-Aktiengesellschaft vormals Schuckert & Co.	Schuckert
Elektrizitäts-Actien-Gesellschaft vorm. W. Lahmeyer & Co., Frankfurt	Lahmeyer
Otto & Schlosser, Meißen	O & S
Dyckerhoff & Widmann A.G.	D & W
Beton-Schleuderwerke A.G., Erlangen	BSW
Società Cementi Armati Centrifugati, Trient	SCAC
Société Française des Poteaux Electriques, Paris	Forclum
Elektrobau-Gesellschaft m. b. H., Dessau	Elektrobau
Gesellschaft für elektrische Anlagen, Stuttgart	Gea
Bayerische Aktiengesellschaft für Energiewirtschaft, Bamberg	Energie
Verein Deutscher Elektrotechniker	VDE

Namenverzeichnis.

Sachverzeichnis.

Verzeichnis der Abbildungen.

Printed and bound by CPI Group (UK) Ltd, Croydon, CR0 4YY
12/07/2026
14919275-0003